智识未来

Scratch少儿编程高手的7个好习惯

艾叔 文一可 ◎ 编著 李明威 ◎ 审校

1 先分析再编程
2 紧盯最重要功能
3 取名要规范
4 万事开头初始化
5 即时验证
6 及时保存与定期备份
7 先复制再修改

人民邮电出版社
北京

图书在版编目（CIP）数据

Scratch少儿编程高手的7个好习惯 / 艾叔，文一可编著. -- 北京 : 人民邮电出版社，2021.4
（智识未来）
ISBN 978-7-115-55257-0

Ⅰ. ①S… Ⅱ. ①艾… ②文… Ⅲ. ①程序设计—少儿读物 Ⅳ. ①TP311.1-49

中国版本图书馆CIP数据核字(2020)第220622号

内 容 提 要

Scratch是现今使用非常广泛的一种少儿编程语言。初学者在学习Scratch时，往往注重功能的实现，忽略好的编程习惯的养成。本书设计了5个用于养成好习惯的Scratch 编程项目，在难度和复杂程度上依次递进，并设置有专门的编程习惯养成环节，来有效地帮助初学者快速养成编程好习惯。

本书共分6章。第1章介绍Scratch 编程中的7个好习惯分别是什么，各有什么作用。第2～6章通过5个精选的项目——新年贺卡、神奇的数字钢琴、接苹果游戏、吃小鱼体感互动游戏、海洋保卫战，由浅入深地讲解Scratch 编程需要掌握的知识点，并反复强化这7个编程好习惯。每个项目被分解成若干个子任务，每个子任务的输出就是一个独立的程序。每个子任务计划1天的完成时间，共计21天。初学者在按照书上的步骤完成程序的同时，就能够潜移默化地养成良好的编程习惯。附录是对Scratch编程基本概念和基本操作方法的介绍。

本书适合对少儿编程感兴趣的青少年阅读，也适合家长和教师用作指导青少年进行程序设计的辅导用书。

◆ 编　　著　艾　叔　文一可
　审　　校　李明威
　责任编辑　李　宁
　责任印制　王　郁　陈　犇
◆ 人民邮电出版社出版发行　　北京市丰台区成寿寺路 11 号
　邮编　100164　　电子邮件　315@ptpress.com.cn
　网址　https://www.ptpress.com.cn
　临西县阅读时光印刷有限公司印刷
◆ 开本：690×970　1/16
　印张：12.75　　2021 年 4 月第 1 版
　字数：202 千字　　2021 年 4 月河北第 1 次印刷

定价：59.90 元

读者服务热线：(010)81055410　印装质量热线：(010)81055316
反盗版热线：(010)81055315
广告经营许可证：京东市监广登字 20170147 号

前言

巴金说："孩子成功教育从好习惯的培养开始。"本书就是一本培养好的编程习惯的少儿编程用书。它不满足于只教大家一些 Scratch 编程技巧，也不满足于只教大家做几个 Scratch 小游戏，而是通过 21 天的训练，帮助大家养成 Scratch 编程好习惯，搭起一座通向编程高手的桥梁。

"编程习惯"是指编程中的自发行为。根据 10 多年的研发和高校教学经验，艾叔发现"编程习惯"是决定一个人在编程道路上能否走远的一个关键因素。初学者往往注重功能的实现，而忽略了好习惯的养成，这很容易养成一些不好的编程习惯。由于这些不好的习惯是自发的行为，因此个人很难察觉，更不用说纠正了，久而久之，就会对编程产生非常不利的影响。

对此，艾叔在《计算机教育》学术期刊上发表了《高效程序设计的七个习惯》，并在教学实践中应用，取得了很好的效果。在随机选取的 22 名本科生中，获得毕业设计良好及以上的有 20 人，获得全国软件大赛一等奖及以上的有 9 人次，二等奖有 7 人次，还有多人获得多项大学程序竞赛奖。2015 年，4 名本科生参加首届全国高校云计算应用创新大赛，与 14 支来自"985""211"大学的博士、硕士参赛队同场竞技，获得大赛最高奖——特等奖，新华日报和网易新闻等对此进行了报道。

从 2018 年开始，艾叔开始教女儿学习 Scratch 编程。不同的教学对象，在编程习惯的养成上有很大的不同。大学生只需要明白什么是好的编程习惯，理解这些习惯的应用原则、应用场景和注意点之后，就可以将它们自觉地应用到编程实践中，慢慢形成习惯；而对于小学生，由于他们理解力、自主性和自律程度与成人存在差异，光明白什么是好的编程习惯远远不够，还需要在教师的指导下，反复实践和刻意练习，才能养成这些好的编程习惯。为此艾叔总结出 Scratch 少儿编程的 7 个好习惯，并专门设计了 5 个用于习惯养成的编程项目，它们在难度和复杂度上依次递增，并设置了专门的编程习惯养成环节，可以有效地帮助大家快速养成编程好习惯。

本书共分为 6 章。第 1 章“编程高手的 7 个好习惯”介绍 Scratch 编程中的 7 个好习惯分别是什么，各有什么作用；第 2 章“项目一：新年贺卡”是一个入门程序，将实现一个多功能的新年贺卡；第 3 章“项目二：神奇的数字钢琴”将实现用键盘模拟琴键，打造一架数字钢琴；第 4 章“项目三：接苹果游戏”将实现用鼠标控制一个大碗去接住苹果树上不断掉落的红苹果，同时还要避免接到绿苹果，否则会扣分；第 5 章“项目四：吃小鱼体感互动游戏”是一个非常独特的游戏，玩家在摄像头前做出动作，就可以控制游戏中的河豚去吃掉小鱼，非常好玩；第 6 章“项目五：海洋保卫战”是所有项目中最复杂、工作量最大的游戏，一共有 3 关，我们将实现玩家操控小鱼丽丽发射炮弹打击海底恶霸小鲨鱼和章鱼怪，完成保卫海洋的任务。最后的“附录”介绍 Scratch 编程的基本概念和 Scratch 3.0 编程工具的基本操作方法，Scratch 初学者可以先学习此部分内容。

本书每个项目被分解成若干个子任务，每个子任务的输出文件就是一个独立的程序。每个子任务计划 1 天的完成时间，共计 21 天。这么做的依据是行为心理学中的 21 天效应，同时子任务的个数也正好是 21 个。每个子任务中均设置了编程习惯养成环节，帮助大家在编程的同时进行编程习惯的养成训练，每节末尾还会总结本节学习到的编程好习惯。

学习本书的方法非常简单，只需要根据书上的步骤完成当天的内容即可。如有不清楚的地方可以及时和艾叔联系。所有的习惯养成练习都融合在实践操作中，按照书上的步骤完成这些实践操作就可以潜移默化地养成良好的编程习惯。

本书由艾叔和文一可共同完成，其中艾叔完成大纲的拟定和文字的撰写，文一可完成了书中大部分程序代码的编写和所有程序的验证，还录制了所有程序介绍视频，并提供了游戏设计的很多创意。

这是一个“软件吞噬世界”的时代，绝大部分事物都和软件相关。云计算、大数据和人工智能等新技术都和软件编程密切相关。大家能够在这么小的年纪就主动接触编程，这本身就是一件非常有前瞻性和值得鼓励的事情。

然而，编程学习的道路从来都不是平坦的，而是充满了艰难险阻，编程习惯就是其中最大的敌人。它不易察觉，而又影响巨大。就如同一束光，如果在起步阶段就有偏离，那么走得越远，偏差就越大，纠正的代价就越大。编程习惯不同于天赋，也不同于其他客观条件，这是一件靠自身刻意练习就完全可以做到的事情。很多有潜力的孩子往往因为习惯问题在编程道路上半途而废，实在是可惜。希望本书能够在编程起步阶段，帮助大家沿着正确的方向前进，走得越来越远。

感谢长沙长郡双语实验中学的李明威老师不辞辛苦，热心为本书担任审校。李老师作为长沙市教育学会中学信息技术专业委员会理事、长沙市第三届信息技术名师工作室名师，他从专家的角度，为本书提出了许多宝贵的建议，在此表示衷心的感谢！

感谢人民邮电出版社的李宁编辑，在长达数月的时间内，我们就本书的细节进行了多次细致而又高效的交流。正是由于她专业、热情和不辞辛苦的付出，才有了今天这本书，在此表示衷心的感谢！

感谢一直以来关心和帮助我成长的家人、老师、领导、同学和朋友们！

书中或有疏漏甚至错误之处，大家在阅读的过程中有任何疑问，可以通过下面的方式联系我们。

- 扫码  添加作者微信，和作者交流。
- 扫码  关注本书作者公众号，获取额外学习资源。

艾　叔

2020 年 8 月

目录

第1章

编程高手的7个好习惯

编程是什么？

编程就是和电脑（计算机）说话，就像聊天一样，把我们的想法告诉电脑，然后让电脑去实现。

电脑是我们的好伙伴，它会忠诚地执行我们跟它说的每一句话，永不疲倦且极少出错。我们可以利用编程控制飞船登陆月球和火星，可以利用编程做出各种好玩的游戏，可以利用编程控制机器人去完成各种危险的任务，还可以利用编程控制汽车实现无人驾驶。总之，编程为我们的生活提供了许多便利，更重要的是，我们可以利用编程把世界变得更加美好。

那么如何才能成为一个编程高手呢？

艾叔的秘诀是，**编程要从养成好的编程习惯开始**。

编程习惯是我们在和电脑说话的过程中无意识的自发行为。例如有的人习惯于一接到任务就动手编程，有的人则习惯于先思考再动手编程；有的人习惯于在同一份代码上从头改到尾，有的人则习惯于修改前先复制一份原来的代码。这些自发的行为我们平时很难察觉，但它们对我们的编程之路有着非常重要的影响。

艾叔接触和培养了很多大学生编程高手。他们有的在全国编程大赛中拿到了特等奖；有的完成了水平很高的编程作品，被评为大学的优秀毕业设计；还有的因为编程的特长为自己考取名牌大学的硕士研究生或博士研究生而加分。对于这些编程高手，艾叔发现他们不一定都是最聪明的，但他们身上都有一个共同点，那就是他们都有着**很好的编程习惯**。为此艾叔归纳和总结出了 7 个编程好习惯，具体描述如下。

① ★ 先分析再编程。

② ★ 紧盯最重要功能。

③ ★ 取名要规范。

④ ★ 万事开头初始化。

⑤ ★ 即时验证。

⑥ ★ 及时保存与定期备份。

⑦ ★ 先复制再修改。

我们会在接下来的章节中详细解释上述7个好习惯分别是什么，各有什么用。我们还按照由易到难、从简单到复杂的顺序设计了5个编程项目，分别是“新年贺卡”“神奇的数字钢琴”“接苹果游戏”“吃小鱼体感互动游戏”和“海洋保卫战”。每个项目都设置了上述7个习惯的养成练习，所有项目共分为21个子任务，每天完成1个子任务，共计21天，从而帮助大家养成良好的编程习惯。

有关“项目”的定义，请参考附录A.1节的内容。

我们要和电脑说话，让电脑按照我们的想法工作，就要选择一种编程语言，而Scratch就是其中一种。Scratch编程就像搭积木那样简单，即使是低年级的小朋友也可以很快学会。因此，本书将使用Scratch编程并进行编程习惯的养成练习，下面我们将对这7个编程习惯进行详细阐述。

如果你对Scratch还不熟悉，或者想了解Scratch的更多信息，那么可以先阅读附录的内容。

1.1 先分析再编程

★ 先分析再编程是指我们在拿到一个编程任务时，不要急于动手编程写代码，而要先分析以下3个问题。

1. 编程任务要实现哪些功能

我们在脑海中先想象该编程任务完成后的使用场景，对这个编程任务进行分解，得出它有哪些功能模块。如果这个编程任务有多个功能模块，我们还可以画出功能模块图。例如我们对“新年贺卡”程序进行分析，得到的功能模块图如图1-1所示。

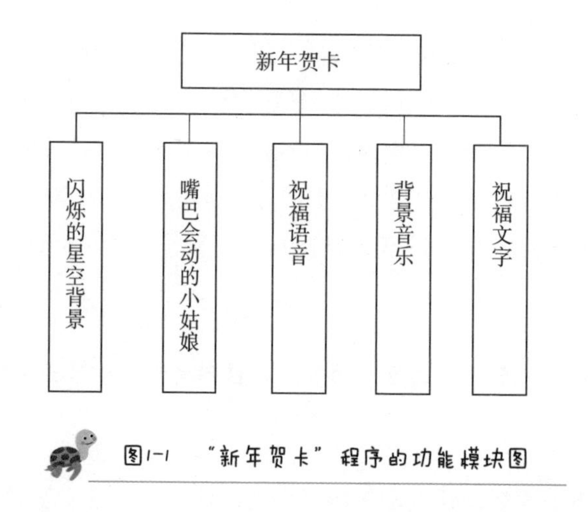

图1-1 “新年贺卡”程序的功能模块图

这个分析过程非常重要，它使我们完成了对编程任务的检查、确认、设计和分解，同时还产出了文字和图片资料，这样我们后续在编程的时候，就不会漏掉或遗忘某个功能模块。此外，还可以基于这些资料随时完善设计。如果这个编程任务需要多个人完成，那么这些资料就是大家交流和编程实现的基础。

如果用专业术语来描述，这个过程属于软件开发中的“概要设计”。

2. **最重要的功能是什么**

最重要的功能是指编程任务中必不可少的功能模块，我们通常采用排除法进行推断。例如，在分析图 1-1 中最重要的功能时就可以采用排除法，过程如下。

第一个功能是“闪烁的星空背景”，我们把它去掉后该程序还是贺卡程序，只是贺卡不闪烁了而已，因此它不是最重要的功能。

第二个功能是“嘴巴会动的小姑娘”，它会让贺卡看起来更加生动，但把它去掉后该程序还是贺卡程序，因此它也不是最重要的功能。

第三个功能是“祝福语音”，这个挺重要的，要是听不到祝福的声音，该程序就不像贺卡程序了，因此这个功能很重要，暂时保留。

第四个功能是“背景音乐”，这个功能可以让贺卡的新年气氛更浓，但把它去掉后该程序还是贺卡程序，因此它也不是最重要的功能。

第五个功能是“祝福文字”，这个也非常重要。这个功能和“祝福语音”必须要有一个，否则该程序就不像贺卡程序了。不过从效果上来说，听到祝福的声音会更能感受到祝福的温度，因此两者相比，“祝福语音”更重要一些。

使用上面的方法把不是最重要的功能去掉，最后剩下的功能就是我们想要的结果。这种方法叫作排除法，很适合我们在拿不定主意的时候用。

从上面的分析我们可以得出，“新年贺卡”程序中最重要的功能是“祝福语音”。这个分析过程非常重要，它让我们对编程任务所需实现的各个功能印象更深，而且经过对比分析，我们会清楚地知道这些功能的重要程度，从而在编程时注意轻重缓急。

3. 最难实现的功能是什么

我们需要仔细思考每个功能模块的实现细节，找出实现的难点。注意，“最难实现的功能”中的“功能”并不一定指某个功能模块，它也可以是功能模块中的某个功能点。例如在“海洋保卫战”项目中，如何创建多只小鲨鱼并单独计算每只小鲨鱼的生命值，对初学者来说就是一个难点。

总之，这个分析过程非常重要，它让我们完成了各个功能模块的初步实现。我们对完成这个编程任务大概需要多久的时间、难点有哪些、难度有多大等具体问题会有更清晰的认识，便于我们在编程中对时间、任务和人力进行更合理的安排。如果这个功能很难又很重要，那么我们就要全力以赴，想尽一切办法去攻克它；如果它不是最重要的，我们就可以先把它放在一旁，暂不实现，在平时的学习中关注攻克它的方法。

我们从学习编程开始，就要刻意练习上述分析过程，以养成**★ 先分析再编程**的好习惯。千万不要为了图方便或者追求速度，一接到任务就动手编程，这样会导致我们后续在完成稍微复杂些的任务时容易出错且效率低下。

1.2 紧盯最重要功能

★ 紧盯最重要功能是指我们要优先实现最重要的功能模块。这样将确保我们能够始终紧盯目标，在有限的时间内完成更重要的事情，避免做无用功。

以图 1-1 所示的“新年贺卡”程序为例，其最重要的功能是“祝福语音”，因此我们首先要实现的就是这个功能。一旦我们实现了“祝福语音”功能，就构建了贺卡的雏形，后续就可以在此基础上进行改进了。如果我们不紧盯最重要功能，先去实现“闪烁的星空背景”或者“嘴巴会动的小姑娘”等功能，很有可能花了很多时间，付出了很多努力，做出来的程序仍不像一张贺卡。

初学者在编程过程中往往容易受到干扰，对于编程中应该先做什么后做什么缺乏经验，而我们的时间和精力是有限的，这些干扰会导致不好的结果。如果是参加考试或者竞赛，那么我们很难拿到关键分数；如果是完成一个项目，那么我们很可能会延期。因此，我们从一开始学习编程，就要刻意练习在★ 先分析再编程的基础上★ 紧盯最重要功能。

1.3 取名要规范

★ 取名要规范是指我们在对编程中涉及的文件和信息命名时要遵循统一的规则，具体规则如下。

1. 命名要有意义

命名要能够清楚地表达取名对象的身份或作用等。图 1-2 所示的“第一关通过”“第二关通过”“第三关通过”就是项目五“海洋保卫战”中的消息名，这些消息默认的名字是“消息 1”“消息 2”等，如果不重新命名，我们就不清楚该消息的含义，代码就会变得难以理解且容易出错。

2. 命名语言要统一

我们在 Scratch 编程中可以用中文来命名，也可以用英文来命名。Scratch 中同种类型的对象所使用的命名语言要统一，例如我们在项目五“海洋保卫战”中对角色统一用中文来命名，如图 1-3 所示。

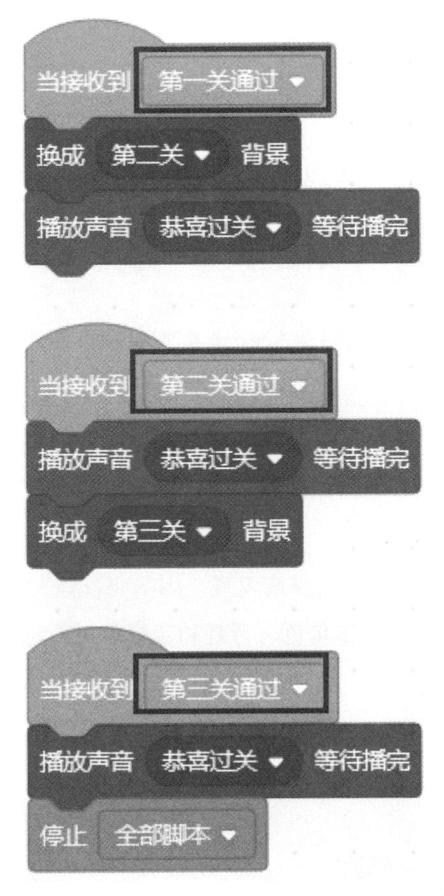

图1-2 项目五“海洋保卫战”部分消息的命名

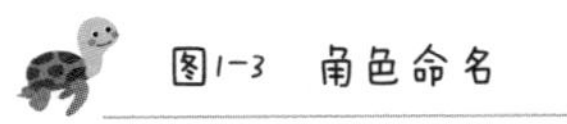
图1-3 角色命名

★ 取名要规范 可以使代码更容易理解。反之，如果我们在代码中使用“角色 1”“角色 2”“变量 1”“变量 2”等无意义的名字，又或者对某个角色用中文命名，对其他角色又用英文命名，这样代码就会很混乱。一段时间过后，我们自己很可能都看不懂这些代码，别人就更看不懂了。

1.4 万事开头初始化

★ 万事开头初始化 是指我们在 Scratch 编程时一旦新建了变量、角色等对象，就要先对它们初始化，再去编写其他代码。例如，我们在项目三“接苹果游戏”中新建了“计分”这个变量，那么我们在游戏开始时就要将该变量设置为 0，以确保每次游戏运行时积分的初始值都是 0，如图 1-4 所示。反之，如果我们不做初始化，那么游戏开始时，“计分”变量就还保存着上一次游戏退出时的值，从而导致游戏出错。这样的错误很难被发现，因为每次运行的结果都有可能不同。因此，当我们在 Scratch 中新建角色、背景和变量等对象时，一定要先对其初始化，养成 ★ 万事开头初始化 的好习惯。

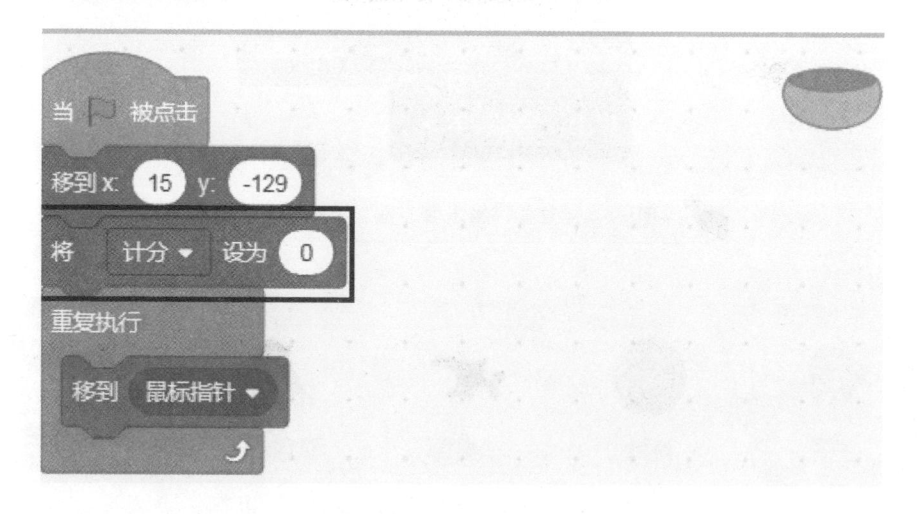

图1-4 变量初始化代码

1.5 即时验证

★ 即时验证是指我们编写完一段代码后要立即验证代码是否能正常运行。例如，我们在项目二“神奇的数字钢琴”中编写完数字键“1”的相关功能代码后，就要立即检查在按数字键“1”后程序是否会发出 do 的音，如图 1-5 所示。如果发现程序运行的结果不对，我们就可以立即查找原因并予以纠正。

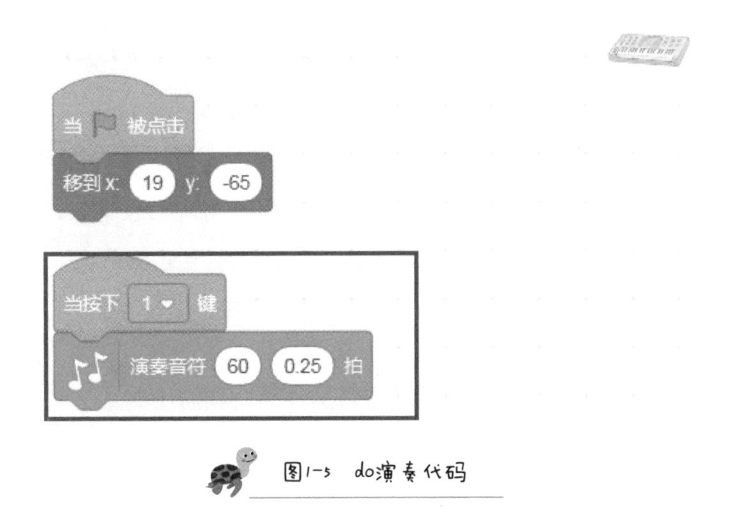

图1-5 do演奏代码

★ 即时验证可以有效防止错误的累积，一旦我们养成这个好习惯，即使编写复杂的程序，我们也能做到尽量不出错。

1.6 及时保存与定期备份

★ 及时保存与定期备份是指当我们编写关键代码或者实现某个功能后，要及时将 Scratch 项目保存到本地。例如，在项目四“吃小鱼体感互动游戏”中，我们在实现“视频控制河豚移动”功能后，就要将该 Scratch 项目保存到本地，如图 1-6 所示。

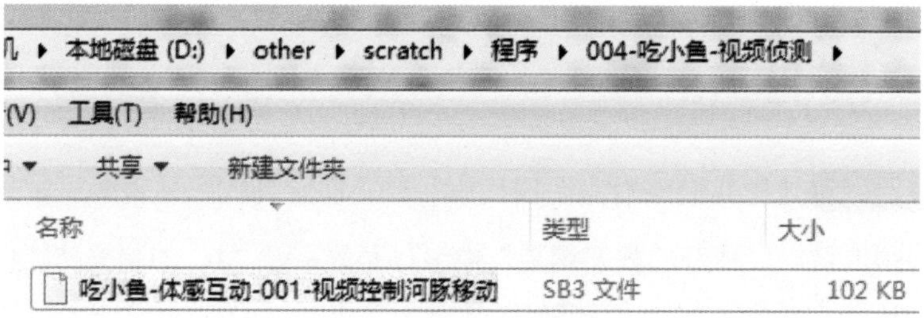

机 ▸ 本地磁盘 (D:) ▸ other ▸ scratch ▸ 程序 ▸ 004-吃小鱼-视频侦测 ▸
(V) 工具(T) 帮助(H)
共享 ▾ 新建文件夹
名称 类型 大小
吃小鱼-体感互动-001-视频控制河豚移动 SB3 文件 102 KB

图1-6 “吃小鱼-体感互动-001-视频控制河豚移动”项目文件

艾叔特别提醒

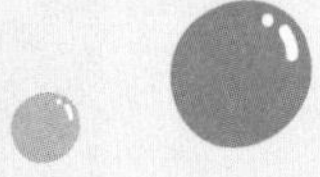

及时保存项目文件很重要，因为代码是临时存储在电脑的内存中的，一旦断电或者电脑崩溃，我们辛辛苦苦做的修改就没有了。

除了要及时保存项目文件外，我们还要定期备份。例如，在保存了“吃小鱼-体感互动-001-视频控制河豚移动”项目文件后，我们还要复制该文件到bk文件夹中做一个备份，如图1-7所示。这样即使我们后续不小心损坏了该项目文件，在bk文件夹中也还有一个备份文件。定期备份能够保存该项目各个阶段的代码，一旦程序出现问题，我们还可以查找每个阶段的备份文件。这样既方便定位错误，又不需要从头开始重新编写代码，从而将损失降到最低。

▸ 本地磁盘 (D:) ▸ other ▸ scratch ▸ 程序 ▸ bk
工具(T) 帮助(H)
共享 ▾ 新建文件夹
名称 类型 大小
吃小鱼-体感互动-001-视频控制河豚移动 SB3 文件 102 KB

图1-7 “吃小鱼-体感互动-001-视频控制河豚移动”项目文件备份

艾叔特别提醒

在实际编程工作中，我们除了要在当前电脑中备份文件以外，还要将该文件备份到其他电脑或者网络中，这样可以大大提升这些文件的可靠性。

1.7 先复制再修改

★ 先复制再修改是指我们在开始新阶段的编程时，要先复制代码，然后在复制的代码上修改，而不要直接在原来的代码上修改。例如，在项目三“接苹果游戏”中，我们要在“接苹果 -001- 红苹果掉下”项目文件的基础上实现“碗的移动和计分”，那么我们在编程之前要先复制该项目文件，并把文件名改为“接苹果 -002- 碗的移动和计分”，如图 1-8 所示。这样，我们修改的是复制得到的“接苹果 -002- 碗的移动和计分”代码，原来的代码（“接苹果 -001- 红苹果掉下”）并没有被修改，不管后续怎么修改，之前做的工作都不会受影响。此外，如果我们修改“接苹果 -002- 碗的移动和计分”代码出了问题，那么我们还可以通过再复制一份“接苹果 -001- 红苹果掉下”重新编写。

▸ 本地磁盘 (D:) ▸ other ▸ scratch ▸ 程序 ▸ 003-接苹果 ▸

工具(T) 帮助(H)

共享 ▾ 新建文件夹

名称	类型	大小
接苹果-002-碗的移动和计分	SB3 文件	462 KB
接苹果-001-红苹果掉下	SB3 文件	462 KB

图1-8 “接苹果-002-碗的移动和计分”项目文件

第2章

项目一：新年贺卡

2.1 看看我做的贺卡吧

本章我们用 Scratch 制作一张新年贺卡。

这是一张非常好玩的贺卡，它不仅有文字和图像，还有声音和动画，在手机上就可以直接观看。我们学会制作该贺卡之后，就可以按照自己的想法加入更多好玩的东西。不只是春节，像教师节、母亲节等节日，我们都可以用 Scratch 制作相应的贺卡，送给我们的老师和家人等。想象一下，当他们收到这张独一无二的贺卡时，该有多高兴啊。

这张好玩的贺卡到底长什么样呢？我们用手机扫描右侧的二维码就可以看到了。看完视频是不是跃跃欲试了呢？

如果要我们自己来实现贺卡程序，会怎么做呢？有的人可能会直接开始编程，但这并不是一个好习惯。正确的做法是先对贺卡程序**进行分析**，而不是急着动手编程。

程序分析要完成以下 3 个任务，并得到具体的结果。

- 找出这张贺卡有**哪些功能**。
- 找出**最重要的功能**是什么。
- 找出**最难实现的功能**是什么。

编程就如同写作文，不假思索提笔就写是写不出好文章的。如果提前构思准备，好文章自然可以一气呵成。

第一个任务就像拆积木，我们把这个贺卡程序分解成多个功能，每个功能就代表一块积木。

第二个任务是找出最重要的功能。在编程时，我们要紧盯着这个最重要的功能，优先实现它。

第三个任务是找出最难实现的功能。如果这个功能刚好又很重要，那么我们就要全力以赴，想尽一切办法去攻克它。如果它不是最重要的，那么我们可以先放一放，但是心里要留意，在平时的学习中要时刻关注攻克它的方法。如果是多人共同来完成这个编程任务，那么我们就可以选取合适的人来攻关。

总之，经过程序分析后，我们的脑海中会出现一张规划图，先做什么、后做什么、哪个地方有难度等了然于心，可以真正做到胸有成竹。

因此，不要急于敲代码，★ 先分析再编程 是我们要养成的第一个编程好习惯。

对本例稍加分析，我们就可以得出贺卡所要实现的功能，如图 2-1 所示，这就是程序分析的第一个结果。

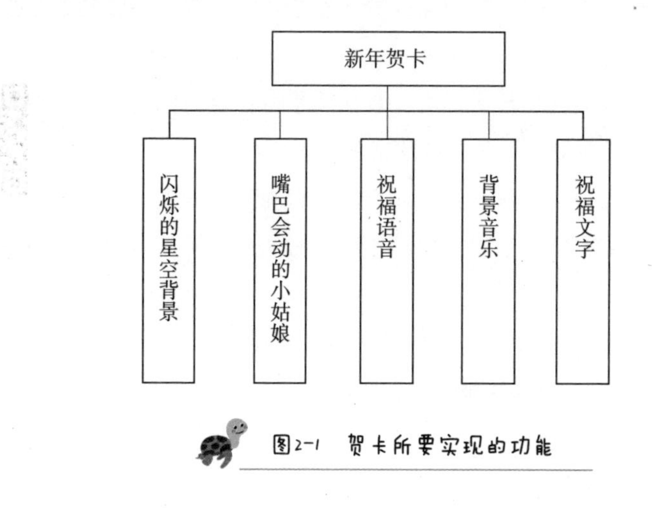

图2-1 贺卡所要实现的功能

再看程序分析的第二个任务，在图 2-1 所示的功能中，最重要的功能是什么呢？

参考 1.1 节中的分析，可知程序最重要的功能是“祝福语音”。

最后，我们来看程序分析的第三个任务，在图 2-1 所示的功能中，最难实现的功能是什么呢？

本例所有功能的实现都是比较简单的，逻辑上不复杂，用到的都是一些基础的技术。即使读者以前没有用过 Scratch，也可以很快学会。因此，程序分析的第三个任务的结果是空。

程序分析的第三个任务的结果可以为空，但是第一个和第二个任务必须要有结果。

经过分析，我们得到了两个结果。根据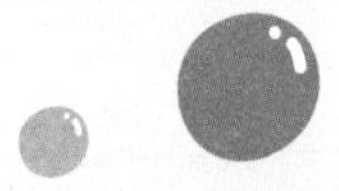

这个习惯，我们编程工作的第一步，就是做一张具有“祝福语音”功能的贺卡。那如何来做呢？别着急，下面就有答案。

艾叔特别提醒

如果你本身就会编写这个程序，也请耐心往下看。因为把程序编写出来是最低要求，本书的目标是要养成编程好习惯。只有当我们脱离书本独立编程，不假思索，采取的行动就和书中“7个好习惯”完全一致时，才说明好的编程习惯已经养成。这样，我们才可能进一步挑战更复杂、更困难的编程。

2.2 第1天：先做一张最简单的贺卡

今天我们先做一张最简单的贺卡，它只有“祝福语音”这一个功能，步骤如下。

第一步：新建项目

我们使用Scratch 3.0离线编程工具（Scratch Desktop）新建项目，它不需要联网就可以进行Scratch编程，非常方便。Scratch Desktop运行后的界面如图2-2所示。

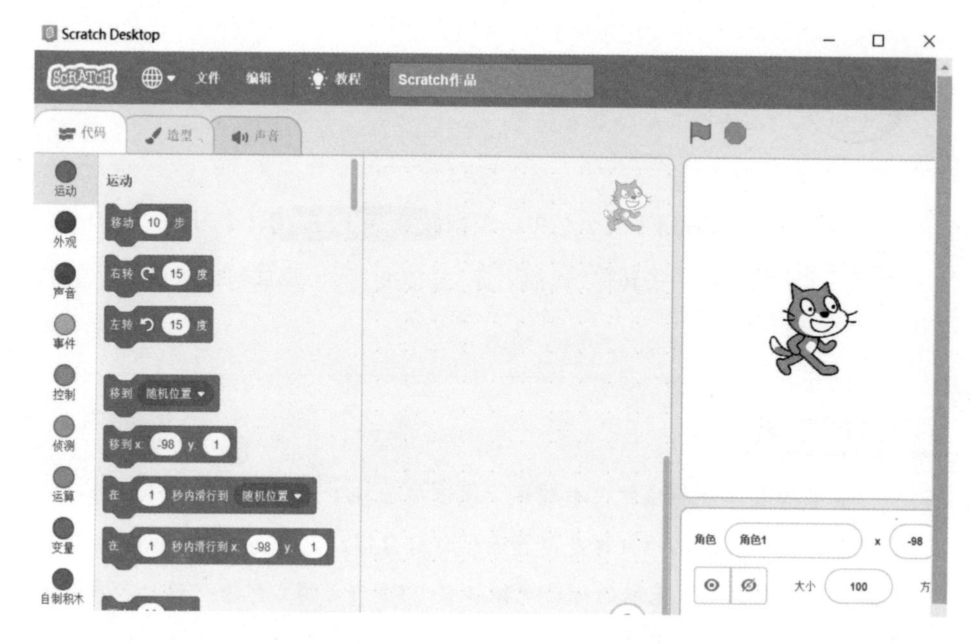

图2-2 Scratch Desktop程序界面

Scratch 3.0离线编程工具和在线编程工具的界面是一样的，我们选择其中一种工具即可，有关Scratch 3.0编程工具的详细说明我们可以参考附录A.2节的内容。

单击菜单栏中的“文件”菜单，然后单击“新作品”菜单项，如图2-3所示。

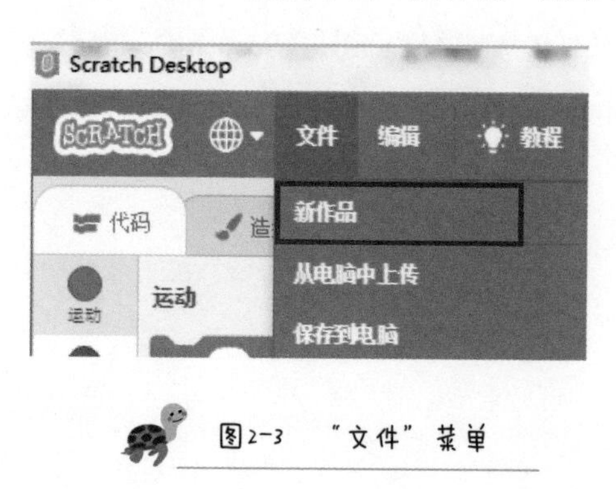

图2-3 “文件”菜单

Scratch 3.0的早期版本和Scratch2.0把“Scratch作品”称为“Scratch项目”，“项目”是常用的编程术语，具体定义参见附录A.1节。依据使用习惯，本书将“Scratch作品”统称为“Scratch 项目”。

第二步：创建新角色

如果把 Scratch 程序比作一场演出，那么“角色”就是这场演出中的演员。我们创建了一个 Scratch 项目后，会有一个默认的角色，那就是图 2-4 所示的这只可爱的猫。

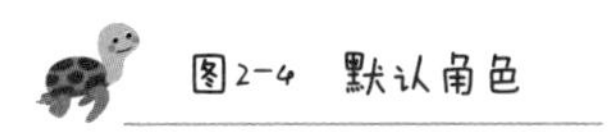

图2-4 默认角色

但是，贺卡中的角色是一个女孩，因此我们要把默认角色删除，然后新建一个女孩角色，操作步骤如下。

右击角色区的“角色 1”（也就是那只猫），在弹出的菜单中单击“删除”菜单项，如图 2-5 所示。

图2-5 角色操作菜单

完成上述操作后，角色区就清空了，如图 2-6 所示。

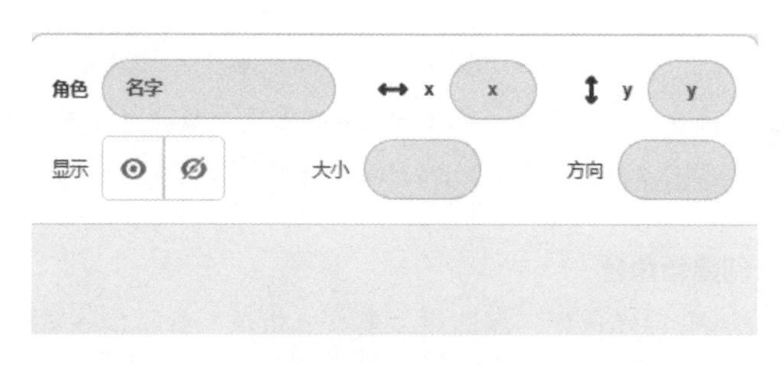

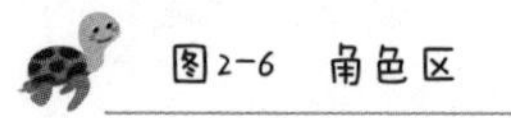
图2-6 角色区

艾叔特别提醒

我们将图2-6中的*x*、*y*统称为坐标，它们表示角色在舞台区的位置，其中*x*表示水平位置（即舞台区的左右方向），*y*表示垂直位置（即舞台区的垂直方向），更多详细信息请参考附录A.1节。

单击角色区右下角的 ，如图 2-7 所示。

图2-7 角色选择菜单

在弹出的对话框中选择一个喜欢的角色，本书选择的是 Abby，如图 2-8 所示。

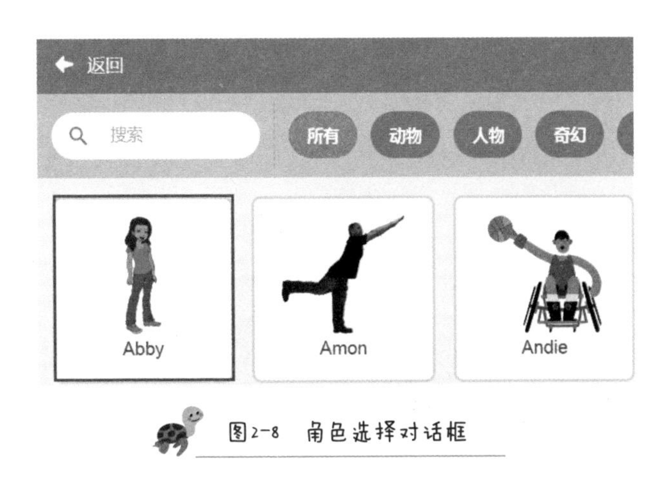

图2-8 角色选择对话框

单击 Abby 后，角色区会出现刚刚选择的角色，如图 2-9 所示。

图2-9 角色区

同时，Abby 也会出现在舞台区，如图 2-10 所示。

图2-10 舞台区

第三步：代码初始化

在让 Abby 说出祝福语之前，我们要先对她进行初始化。这里的“初始化”是指让 Abby 在每次程序开始的时候出现在固定位置，具体的代码如图 2-11 所示。

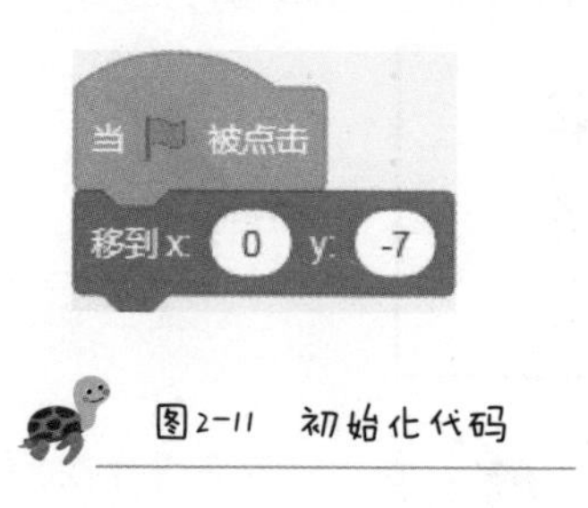

图2-11 初始化代码

艾叔特别提醒

我们可以直接在舞台区中先将角色拖到合适的位置，此时 移到x: 0 y: -7 的 x和y显示的就是当前角色位置的坐标，这样就避免了多次修改x、y的值来确定角色的合适位置。

如果我们不小心拖动了角色，那么下次程序运行时，角色就会在我们拖动后的位置出现。这会导致每次程序运行时，角色不一定会在固定的位置出现。

出现上述问题的原因是程序运行时的初始条件处于不确定的状态。本例的初始条件是角色的位置。在其他程序中，初始条件有可能是变量的初始值等。这种不确定的状态可能会导致程序运行出错，或者运行时得不到正确的结果，而且很难查错。

因此，“初始化”的作用就是消除这种不确定性，★ 万事开头初始化 这个习惯一定要从一开始就养成。Scratch 程序的初始化包括对变量赋值、固定角色位置、隐藏或显示角色等操作。

第四步：让 Abby 说出第一句祝福语

单击 Abby 的声音标签，会出现声音选项卡界面，如图 2-12 所示。

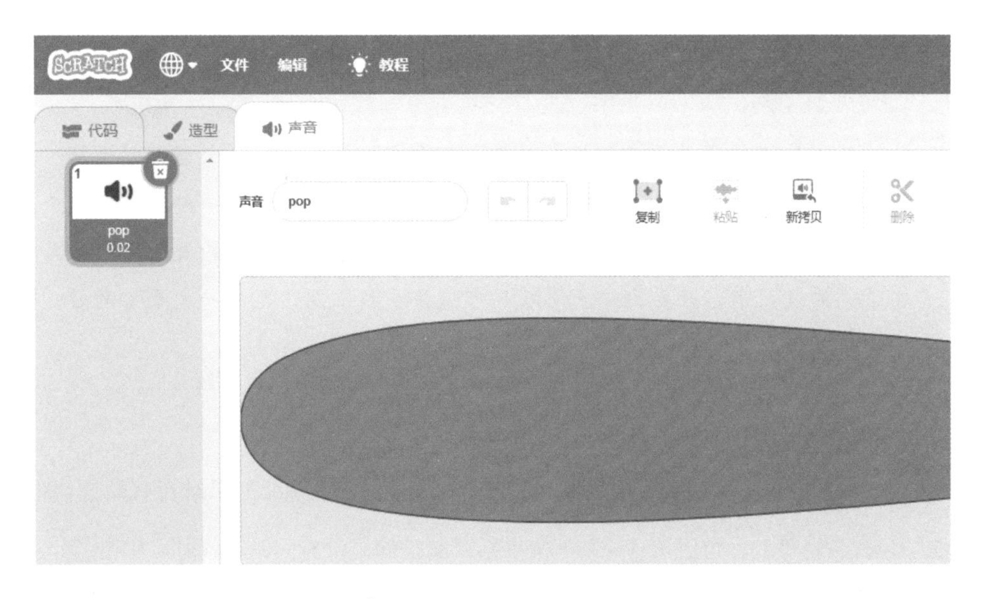

图2-12 声音选项卡界面

将鼠标指针移动到左下角的，在弹出的菜单中单击，如图 2-13 所示。

图2-13 录制菜单

在弹出的录制界面中单击●，就可以开始录音了。

艾叔特别提醒

我们的祝福语是“文姐姐在火星上给大家拜年啦！”。大家可以根据自己的想法，录制自己的祝福语。但是请记住，一次只录制一句祝福语，千万不要把所有的祝福语一次录制完。因为我们不清楚录制的效果，而且在录制的过程中，只要出一点问题就可能要重新录制，所以一次录完的效率反而不高。

录制完祝福语后，单击■停止录制。

录制完祝福语后要★ 即时验证。单击▶，检查录制的效果。如果录音有问题（例如录音有杂音等），可以单击 重新录制 重新录制。如果没有问题，就可以单击 保存，保存当前的录音文件。

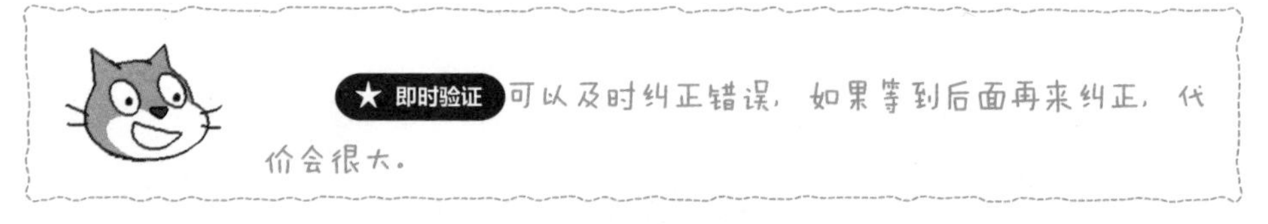

我们单击“保存”按钮后，要给新的录音文件取名字。我们将文件命名为“文姐姐在火星上给大家拜年啦！”，文件名就是录音的内容，如图 2-14 所示。如果不自己命名，默认的文件名是“recording1”。时间一长，我们根本不清楚里面的内容是什么，需要播放它才知道。这样很麻烦，而且在代码中容易出错。因此，我们一定要养成★ 取名要规范的好习惯。

图2-14 录音文件

添加播放该祝福语的代码，如图 2-15 所示。

图2-15 添加播放祝福语的代码

根据★ 即时验证习惯，单击舞台区的，如果 Abby 在指定的位置说出了祝福语，就说明程序没有问题。如果程序有问题，请对照前面的步骤仔细检查。

第五步：及时保存

根据★ 及时保存与定期备份的习惯，我们要把程序存储到电脑上。如果不保存的话，一旦我们的电脑死机或者系统崩溃等，前面辛辛苦苦编写的程序就再也找不回来了。单击“文件”菜单中的“保存到电脑”菜单项，如图 2-16 所示。

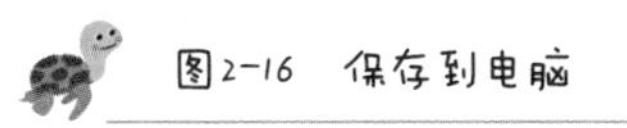
图2-16 保存到电脑

艾叔特别提醒

Scratch Desktop没有保存按钮，不能将所做的修改直接保存到项目文件。但是，我们可以使用“保存到电脑”菜单项，将修改后的内容存储为新的项目文件，或者是覆盖原来的项目文件。建议大家存储为一个新的项目文件，这样既保留了之前的版本，又保存了当前的版本。

接下来要给项目文件取名。根据★ 取名要规范的习惯，文件名要有明确的含义，也就是说，一看这个名字就明白这个程序是用来干什么的。其次，还要好听、好记，不能和其他名字冲突。

艾叔特别提醒

编程时常会遇到取名的情况，项目、角色、造型、变量和各种项目文件都要取名。只有取好名字，我们才不会忘记它。不管过多久，只要看到这个名字，我们就能很清楚地知道它是用来干什么的。

我们给项目文件取名为“新年贺卡-001-祝福语音”，其中“新年贺卡”告诉我们这是一个什么项目；“001”是项目内部编号，一个完整的项目通常需要经过几个阶段才能完成，我们从001开始编号来记录各个阶段的项目文件，后续如果程序出错，我们可以依据编号快速查错，非常方便；“祝福语音”告诉我们编号为001的项目文件所实现的功能，这样我们通过文件名就能一眼看出该项目文件的主要功能。此外“新年贺卡”“001”“祝福语音”之间采用“-”进行分隔，这样可以很清楚地将文件名的各个部分分隔开来。

我们新建一个名为“001-新年贺卡”的文件夹，将“新年贺卡-001-祝福语音”项目文件存储到文件夹中，如图2-17所示。

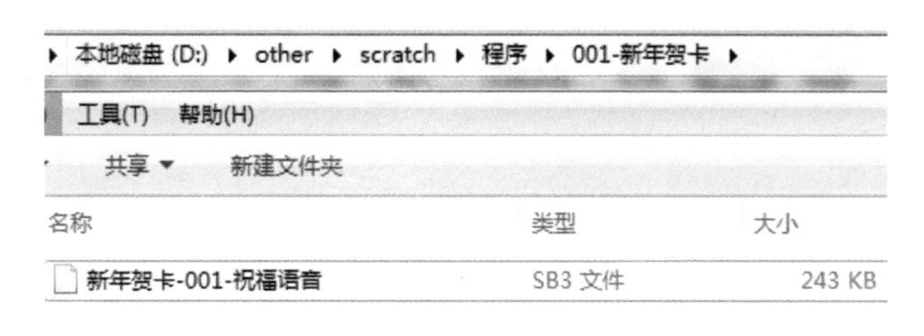

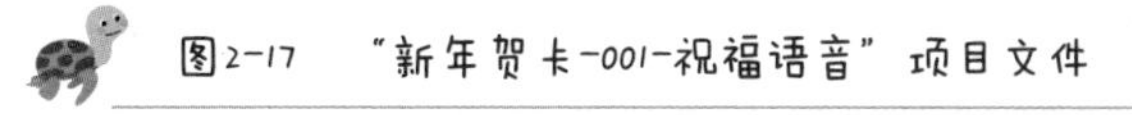
图2-17 “新年贺卡-001-祝福语音”项目文件

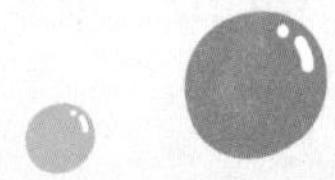
艾叔特别提醒

文件夹“001-新年贺卡”的命名，采用的是项目编号加项目名称的方式。这样命名既可以很清楚地看出该文件夹所存储的项目是什么，又容易同其他项目的文件夹区分开来。千万不要为了省事，将这些文件夹的名字取名为“1”“2”“3”等。否则时间一长，很容易忘记文件夹里存储的是什么。

第六步：**备份**

以防万一，我们还要复制文件“新年贺卡-001-祝福语音”。关闭Scratch Desktop，在“程序”文件夹下新建bk文件夹，并将“新年贺卡-001-祝福语音”文件复制到bk文件中，如图2-18所示。这样，即使后续项目文件“新年贺卡-001-祝福语音”损坏了，我们也还有一个备份的项目文件。

本地磁盘 (D:) ▸ other ▸ scratch ▸ 程序 ▸ bk
工具(T) 帮助(H)
共享 ▾ 新建文件夹
名称 类型 大小
新年贺卡-001-祝福语音 SB3 文件 243 KB

图2-18 “新年贺卡-001-祝福语音”项目文件备份

以上就是★ 及时保存与定期备份，每当我们完成一个阶段的任务后，就要把相关的文件都备份一次。

小结

至此，第1天的任务就完成了。我们实现了最为重要的“祝福语音”功能，同时进行了★ 先分析再编程、★ 紧盯最重要功能、★ 取名要规范、★ 万事开头初始化、★ 即时验证、★ 及时保存与定期备份的习惯养成练习。这些习惯对编程非常有帮助，我们在后续的项目中还要加强练习。

2.3 第2天：让贺卡说出所有祝福语并添加背景音乐

今天我们让贺卡说出所有祝福语并添加背景音乐，步骤如下。

第一步：复制项目文件

我们将在“新年贺卡-001-祝福语音”的基础上编写新的代码，在编写之前我们要先复制“新年贺卡-001-祝福语音”，并重命名为“新年贺卡-002-祝福语音和背景音乐”，如图2-19所示。这样即使我们不小心损坏了“新年贺卡-002-祝福语音和背景音乐”中的代码，也不会影响之前的成果。这个习惯就是★ 先复制再修改，每当我们开始新阶段的代码编写时，不要直接在前一阶段的代码上编写，而是要复制前一阶段的代码，然后在复制的代码上编写。

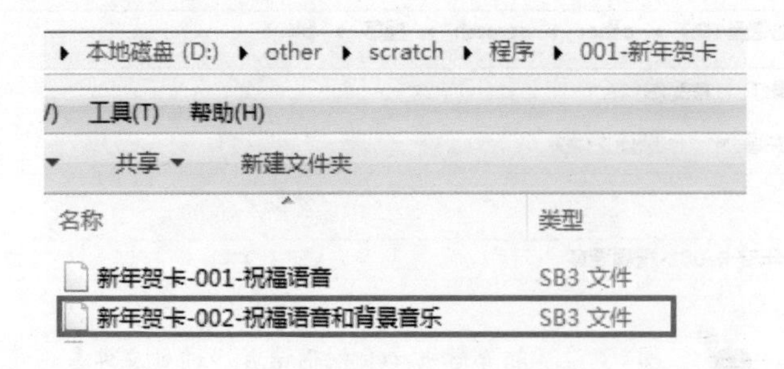

图2-19 “新年贺卡-002-祝福语音和背景音乐”项目文件

第二步：让贺卡说出所有祝福语

单击“文件”菜单中的“从电脑中上传”菜单项，如图 2-20 所示。

图2-20 “文件”菜单

在弹出的对话框中单击“新年贺卡 -002- 祝福语音和背景音乐”项目文件，并单击“打开”按钮，如图 2-21 所示。

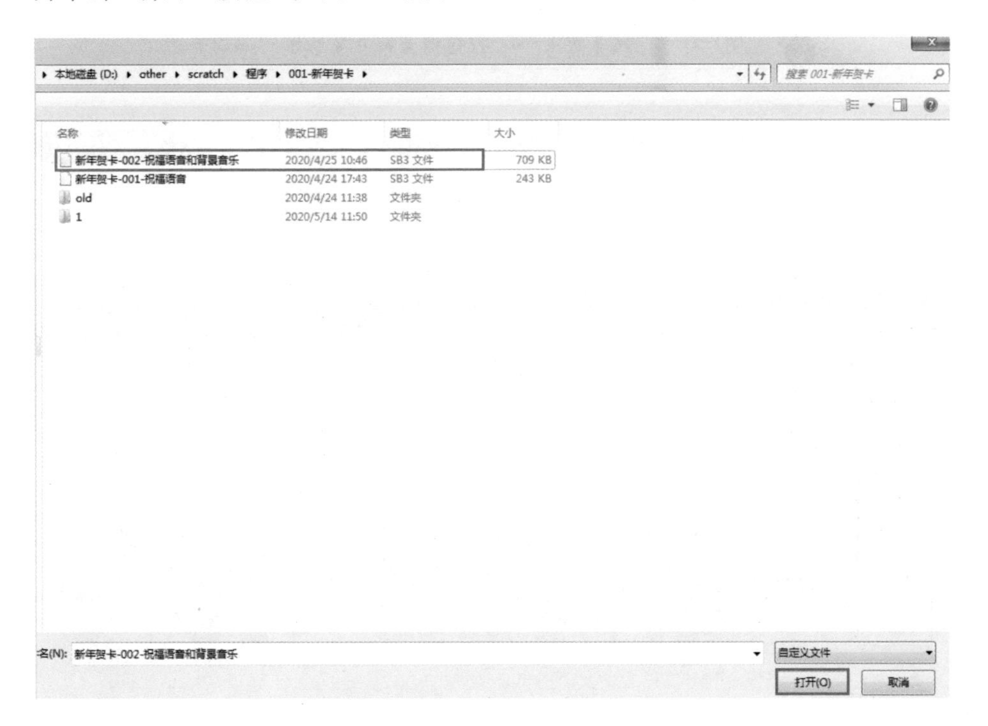

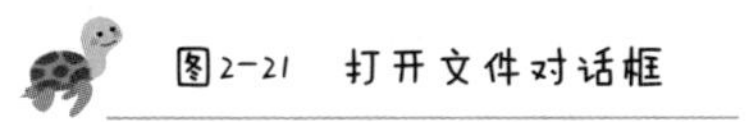
图2-21 打开文件对话框

“新年贺卡 -002- 祝福语音和背景音乐”的编程界面如图 2-22 所示，其代码实际是“新年贺卡 -001- 祝福语音”的代码。

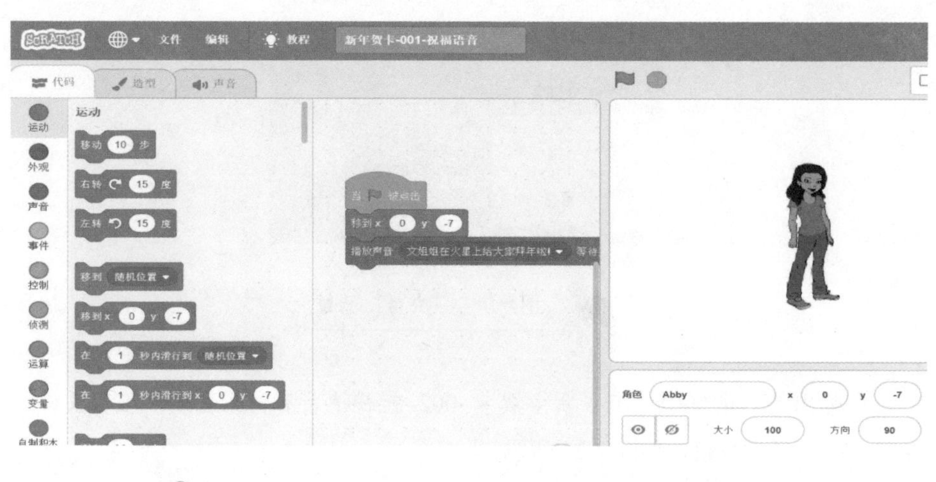

图2-22 “新年贺卡-002-祝福语音和背景音乐”编程界面

接下来我们仿照 2.2 节中第四步的操作，新增两个录音文件。根据★ 取名要规范的习惯，这两个录音文件分别取名为“祝大家新年快乐！”和“平平安安，万事如意！”，如图 2-23 所示，这样我们一看名字就可以知道录音的内容。

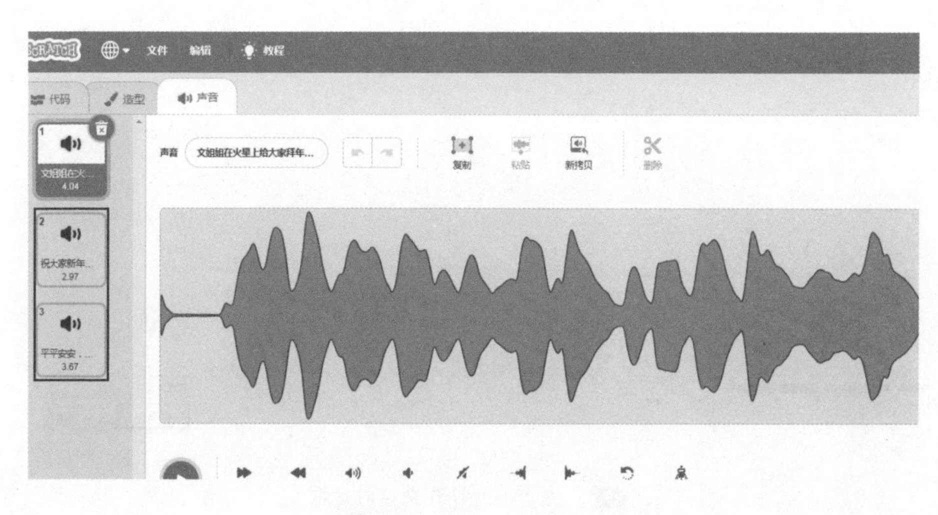

图2-23 录音文件界面

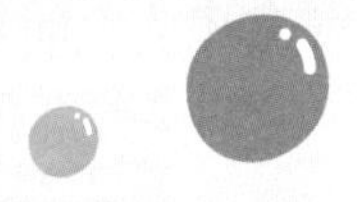

艾叔特别提醒

每次录音完成，我们一定要立即听一遍，养成★ 即时验证的好习惯哦。

接下来为 Abby 添加代码来播放新增的录音文件，如图 2-24 所示。

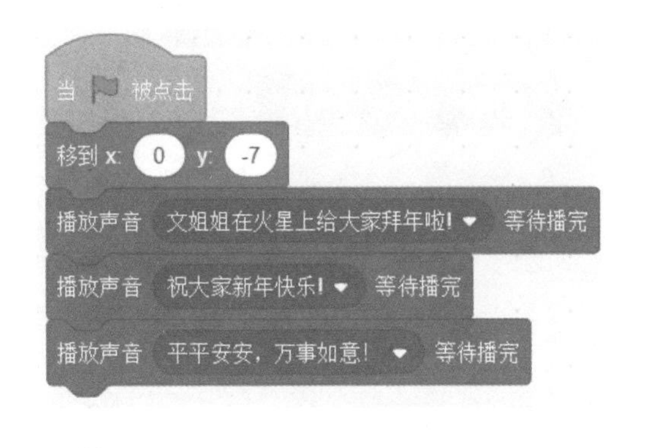

图2-24 添加播放新增的录音文件代码

上述代码添加后，我们可以单击 来★ 即时验证一下代码是否正常工作。

第三步：添加背景音乐

单击背景1，此时“舞台”按钮会变成蓝色，表示“舞台”已经被选中，如图 2-25 所示。

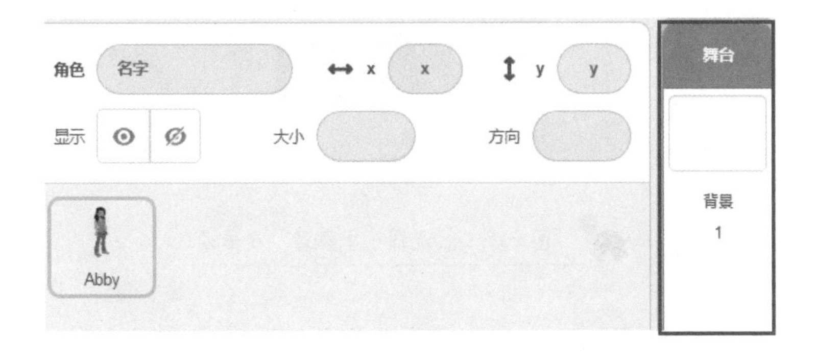

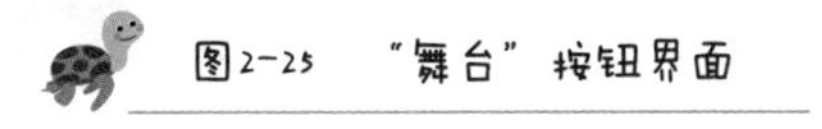

图2-25 “舞台”按钮界面

舞台由3个部分组成，即代码、背景和声音，如图2-26所示。

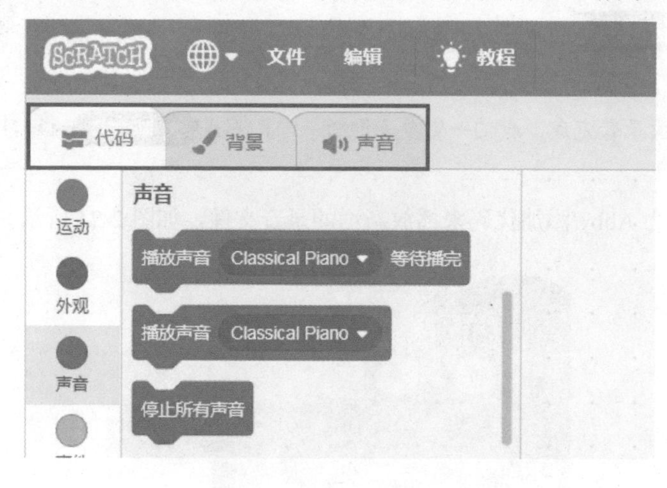

图2-26 舞台标签项

单击声音标签，在声音选项卡界面中将鼠标指针移到，在弹出的菜单中单击“选择一个声音”菜单项，如图2-27所示，这样我们就可以选择自己想要的声音了。

图2-27 “选择一个声音”菜单项

图2-28所示是Scratch 3.0编程工具自带声音库界面，我们可以单击界面上方的椭圆形按钮来查看不同类型的声音。例如，单击可循环，则该按钮会变成橘黄

色以表示选中，并且按钮下方会出现该分类的声音文件。我们将鼠标指针移动到声音文件的播放按钮▶上，此时该按钮会变成■，同时会播放该声音文件。如果该声音是我们想要的，就单击该声音文件，这样该声音文件就被选中成为背景音乐。

图2-28 Scratch 3.0编程工具自带声音库界面

声音文件被选中后，会出现在声音选项卡界面，如图 2-29 所示。

图2-29 声音选项卡界面

接下来单击代码标签，在代码编辑区添加播放声音的代码，如图 2-30 所示。因为“Classical Piano”声音文件中的声音比较短，所以很有可能我们的祝福语还没说完，背景音乐就放完了。因此我们在代码中使用了重复执行，它可以让程序循环播放背景音乐，即使我们的祝福语说完了，程序也还会播放背景音乐。

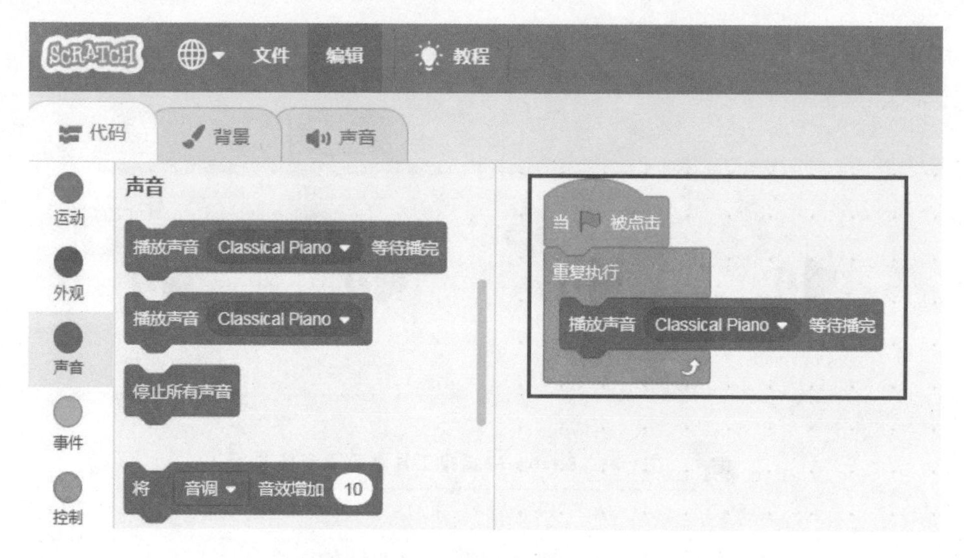

图2-30 背景音乐播放代码

艾叔特别提醒

这个是背景音乐的代码，不是角色Abby的代码，背景音乐和角色都有各自的代码。

第四步：保存和备份

如果贺卡可以顺利地说出所有的祝福语且背景音乐可不间断循环播放，那么恭喜第 2 天的任务就完成啦。在退出之前，要记得，单击“文件”菜单中的“保存到电脑”菜单项，如图 2-31 所示。

图2-31 “保存到电脑”菜单项

在弹出的对话框中单击“新年贺卡 -002- 祝福语音和背景音乐”，如图 2-32 所示，然后单击“保存”按钮。这样，我们今天所有的修改内容就保存到“新年贺卡 -002- 祝福语音和背景音乐”项目文件中了。

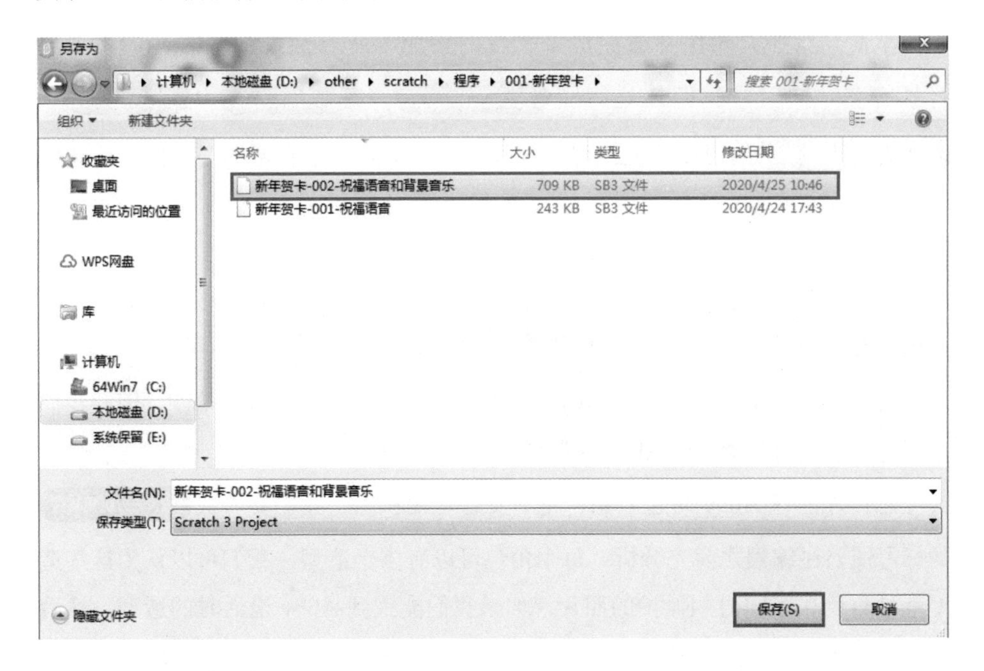

图2-32 “新年贺卡-002-祝福语音和背景音乐”项目文件

接下来复制“新年贺卡 -002- 祝福语音和背景音乐”到 bk 文件夹中做一个备份，如图 2-33 所示。

本地磁盘 (D:) ▸ other ▸ scratch ▸ 程序 ▸ bk

工具(T) 帮助(H)

共享 ▾ 新建文件夹

名称	类型	大小
新年贺卡-001-祝福语音	SB3 文件	243 KB
新年贺卡-002-祝福语音和背景音乐	SB3 文件	709 KB

图2-33 “新年贺卡-002-祝福语音和背景音乐”项目文件备份

小结

至此，第 2 天的任务就完成了。我们添加了所有的祝福语音，还添加了背景音乐。同时，我们还进行了 ★ 先复制再修改、★ 取名要规范、★ 即时验证、★ 及时保存与定期备份 的习惯养成练习。这些习惯对编程非常有帮助，我们在后续的项目中还要加强练习。

2.4 第 3 天：实现女孩说话的动画

我们前面为贺卡添加了祝福语音，但贺卡只有声音还是有点单调，因此我们今天为贺卡添加动画，让 Abby 在说话的时候动起来。

怎样才能让 Abby 动起来呢？先不要急着拖积木，我们要养成 ★ 先分析再编程 的好习惯。在编程之前先分析：每个角色可以有多个造型，我们可以认为这些造型就是角色在不同时刻抓拍的照片，如果我们能找到 Abby 说话时的造型，然后在代码中连续切换这些造型，就可以实现 Abby 说话的动画了。有了思路我们下面就一步步来实现吧。

第一步：复制项目文件

我们将在“新年贺卡 -002- 祝福语音和背景音乐”的基础上编写新的代码，在编写之前我们先复制“新年贺卡 -002- 祝福语音和背景音乐”，并重命名为“新

年贺卡 -003-Abby 动画”，如图 2-34 所示，我们要养成★ 先复制再修改的好习惯。

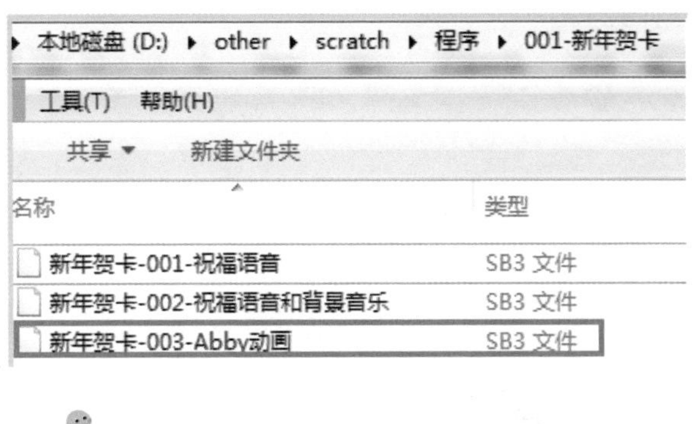

图 2-34 “新年贺卡-003-Abby动画”项目文件

第二步：打开项目文件

接下来打开“新年贺卡 -003-Abby 动画”，编程界面如图 2-35 所示。

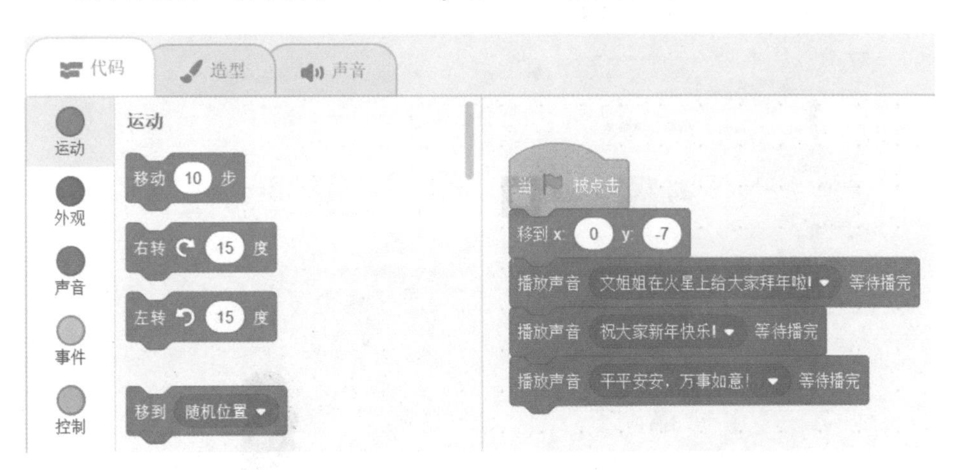

图 2-35 “新年贺卡-003-Abby动画”编程界面

第三步：切换造型

单击角色区中的 Abby 图标，如图 2-36 所示。该图标的边框变成了蓝色，说明该图标对应的角色被选中。

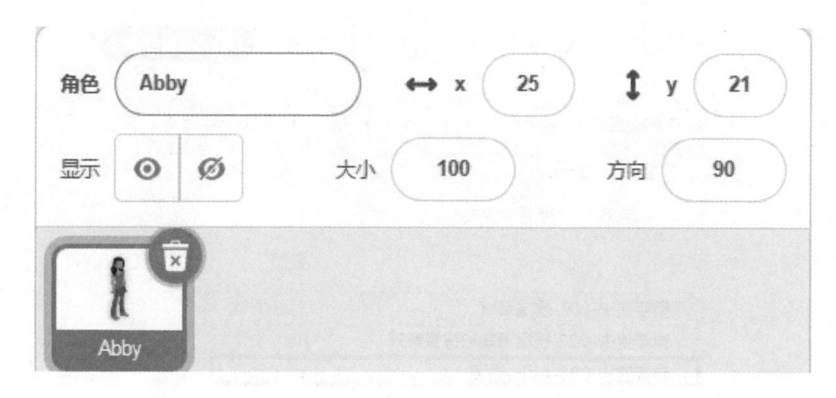

图2-36 Abby角色选中界面

单击造型标签，造型列表区有 Abby 角色的 4 个造型，如图 2-37 所示。

图2-37 Abby角色造型界面

这 4 个造型的名字依次为 abby-a、abby-b、abby-c 和 abby-d。单击造型列表区中的造型图标，右侧的画布上就会显示该造型图像，图 2-38 所示为 abby-c 造型图像。

图 2-38 abby-c 造型图像

经过仔细筛选，abby-a、abby-c 和 abby-d 可以用于 Abby 的说话动作，因此我们为 Abby 添加造型切换代码，即图 2-39 所示的代码 2。

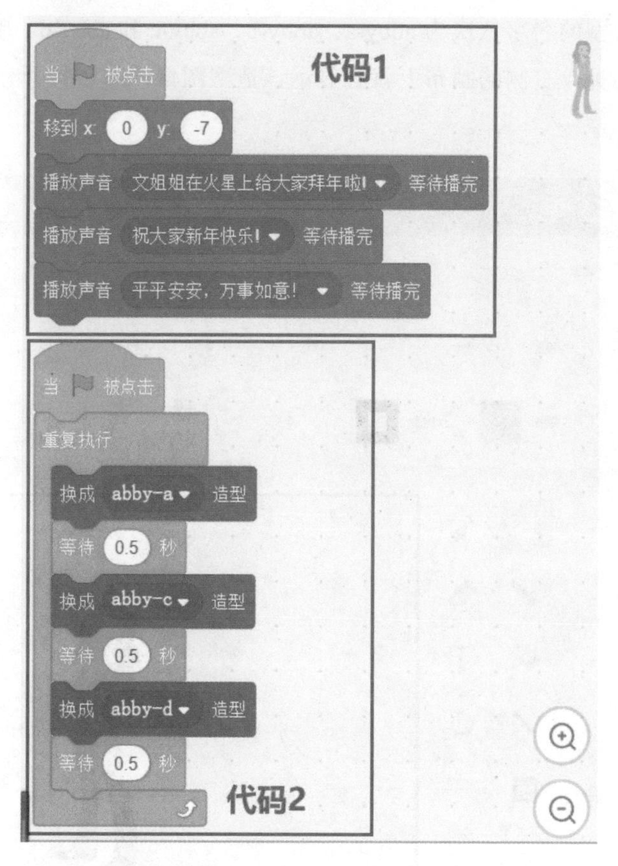

图2-39 Abby角色造型切换代码

Abby 有两段代码，分别是图 2-39 中的代码 1 和代码 2，它们都位于 当被点击 下方。当我们单击 时，Scratch 会同时执行 当被点击 下方的每个代码，其中代码 1 用于播放祝福语音，代码 2 用于切换造型播放动画。这就好比一个演员一边说话一边做动作，说话和做动作是同时进行的。

代码 2 中我们使用了 重复执行 ，这是为了防止祝福语还没有说完，动作就结束了。此外，我们使用 换成 abby-a 造型 实现造型的切换，并且每切换一个造

型后就使用 等待 0.5 秒 保留该造型 0.5 秒的时间。如果我们不加 等待 0.5 秒 ，两个造型之间的切换时间太短，是看不出造型的变化的，也就没有动画的效果。我们要特别注意，在最后一个造型切换积木 换成 abby-d 造型 时，下方一定要有一个等待积木，这个是我们编程时容易忽略的。

艾叔特别提醒

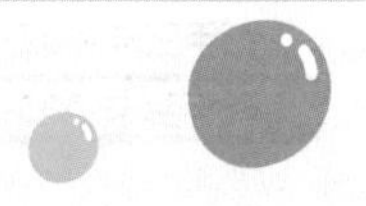

上述代码编写完成后，一定要记得单击🏴来检查Abby的动画，养成 ★ 即时验证 的好习惯哦。

第四步：保存和备份

如果 Abby 的动画没有问题的话，那么恭喜你，我们第 3 天的任务就完成啦。在退出之前，要记得 ★ 及时保存与定期备份，单击“文件”菜单中的“保存到电脑”菜单项，将当前项目文件保存为“新年贺卡 -003-Abby 动画”，如图 2-40 所示。

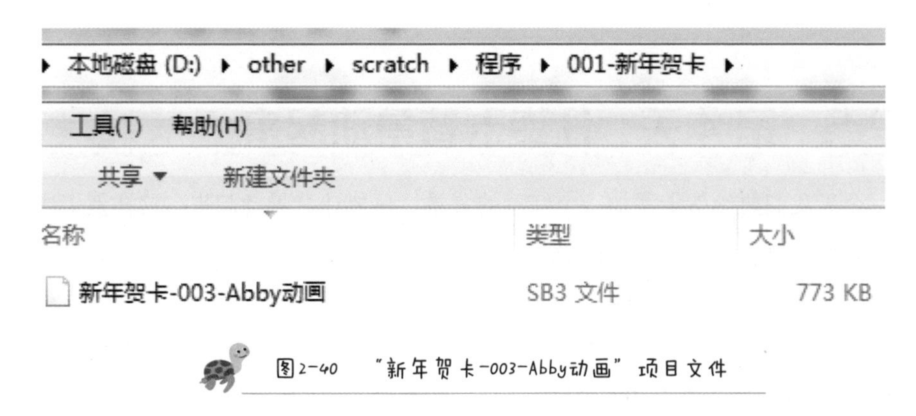

图 2-40 “新年贺卡-003-Abby动画”项目文件

接下来复制“新年贺卡 -003-Abby 动画”到 bk 文件夹中做一个备份，如图 2-41 所示。

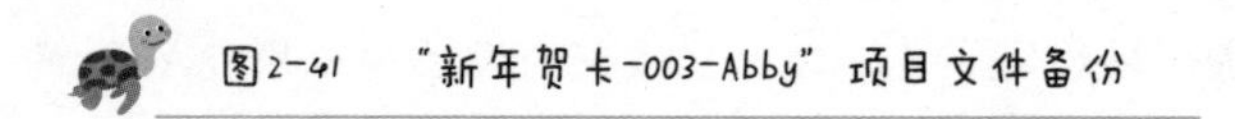
图2-41 “新年贺卡-003-Abby”项目文件备份

小结

今天我们使用造型切换的方法实现了Abby说话的动画，使得贺卡的效果变得更好。同时，我们还进行了★ 先分析再编程、★ 先复制再修改、★ 即时验证、★ 及时保存与定期备份的习惯养成练习。这些习惯对编程非常有帮助，我们在后续的项目中还要加强练习。

2.5 第4天：让贺卡背景动起来

今天我们要给贺卡添加一个好看的背景，还要让背景动起来。这样贺卡既有声音又有动画，而且还有炫酷的背景，一定很吸引人。

第一步：复制项目文件

我们将在“新年贺卡-003-Abby动画”的基础上编写新的代码，在编写之前我们要先复制“新年贺卡-003-Abby动画”，并重命名为“新年贺卡-004-背景动画”，如图2-42所示，我们要养成★ 先复制再修改的好习惯。

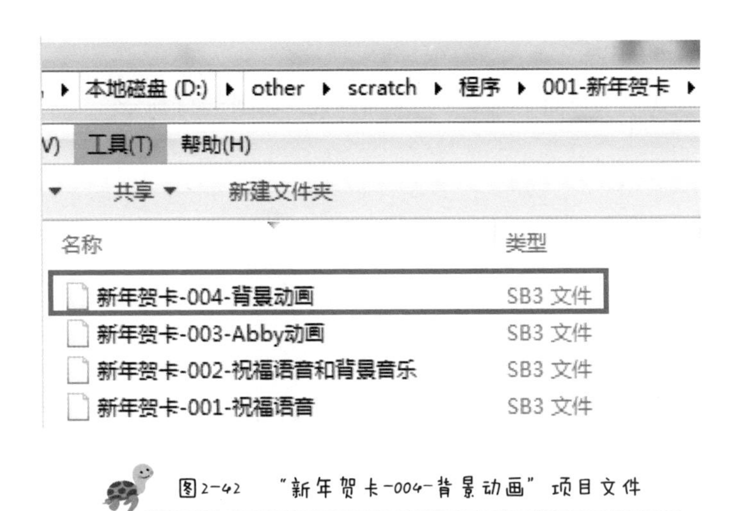

图2-42 “新年贺卡-004-背景动画”项目文件

第二步：**打开项目文件**

打开“新年贺卡 -004- 背景动画”，编程界面如图 2-43 所示。

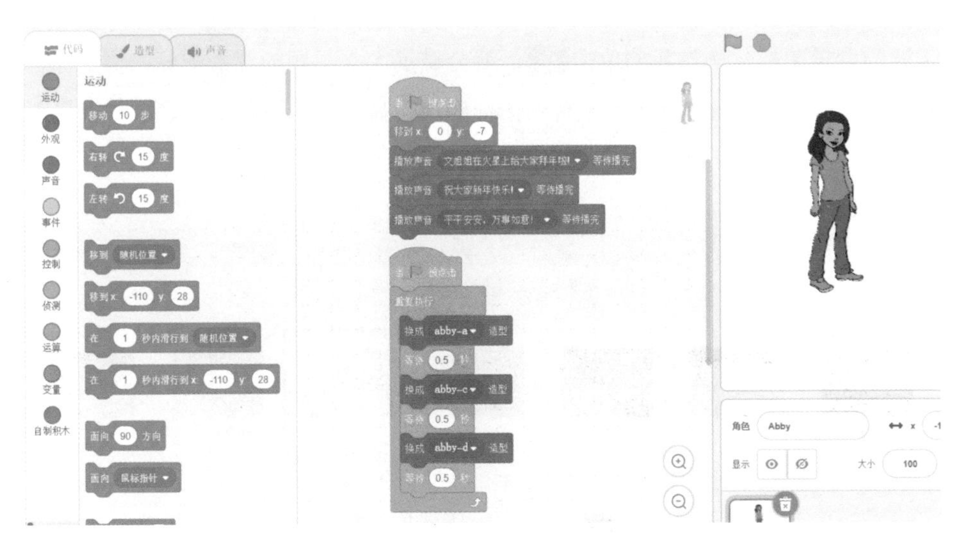

图2-43 “新年贺卡-004-背景动画”编程界面

第三步：添加背景

单击背景选项卡界面中的来添加背景，如图 2-44 所示。

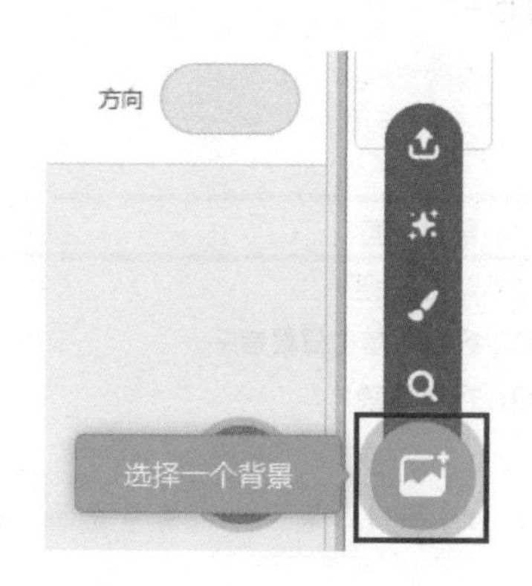

图2-44 “选择一个背景”菜单项

Scratch 3.0 编程工具会显示自带的背景图片。单击椭圆形按钮，会显示不同主题的背景图标，例如我们单击太空，就会显示太空主题的背景图标。将鼠标指针移动到 Space 背景图标上，该背景图标四周会显示蓝色方框，以表示该背景图标被选中，如图 2-45 所示。

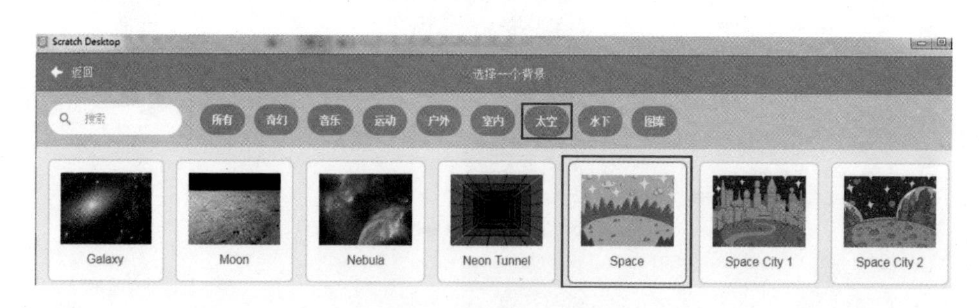

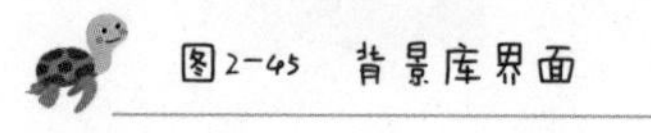
图2-45 背景库界面

单击 Space 背景图标，该背景就会出现在舞台区，如图 2-46 所示。

图2-46　加入Space背景的舞台区

第四步：制作背景动画

如果让背景上的星星闪烁起来，会让贺卡更加炫酷。该动画的实现需要多个造型连续切换，关键是要获得不同颜色星星的背景造型。但是，Scratch 3.0 编程工具的背景库中并没有其他颜色星星的造型，此时我们可以利用背景的绘图工具来制作想要的背景，具体操作如下。

首先单击“背景 2”图标，如图 2-47 所示。

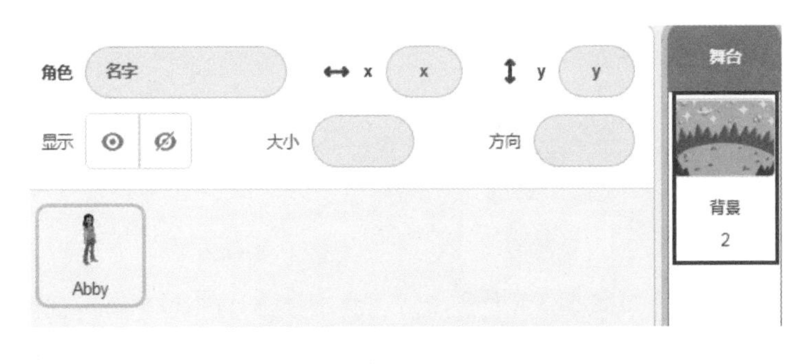

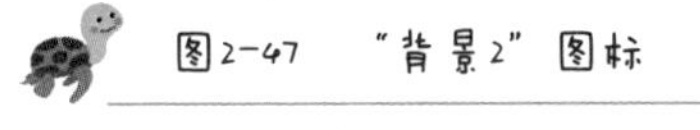

图2-47　“背景2”图标

接下来单击背景标签，切换到背景选项卡界面，如图 2-48 所示。

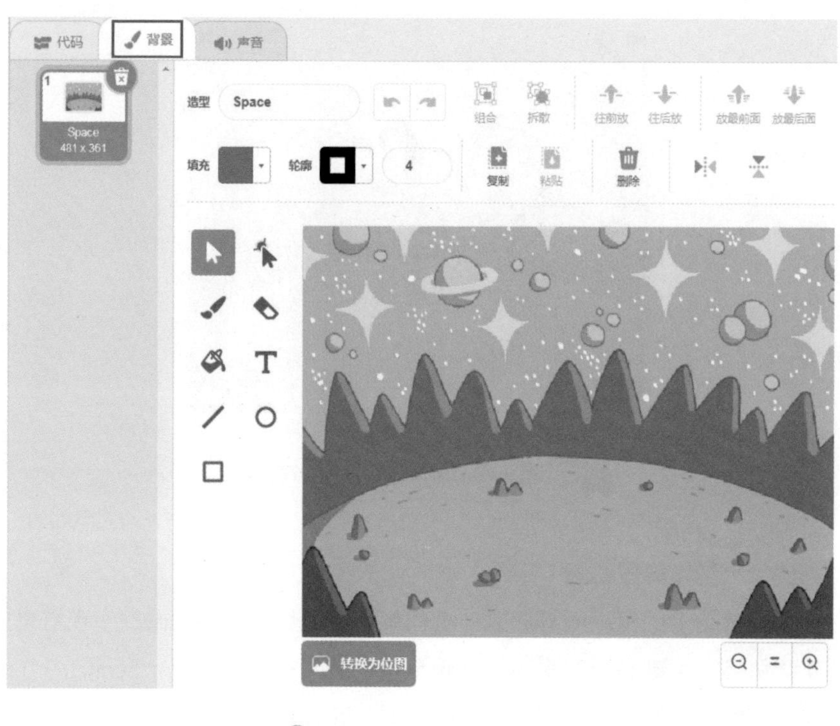

图2-48 背景选项卡界面

右击 Space 背景图标，然后单击“复制”菜单项，复制 Space 背景，用于绘制新背景，如图 2-49 所示。

图2-49 背景操作菜单

将复制得到的新背景重命名为 Space2，如图 2-50 所示。

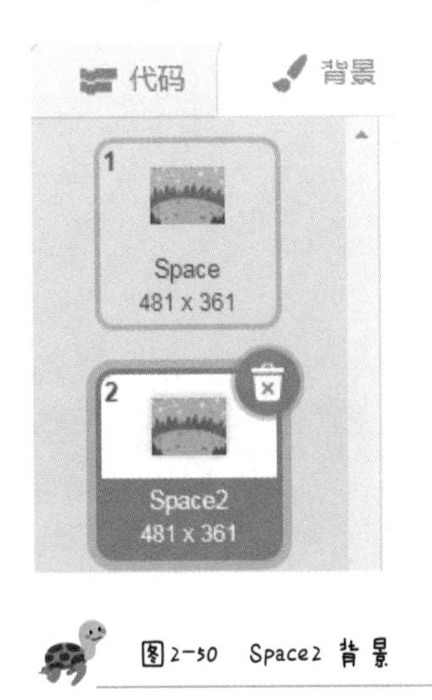

图2-50 Space2 背景

根据★ 取名要规范的好习惯，我们将背景 Space 的名字修改成 Space1。先单击 Space 背景图标，然后在造型文本框中输入 Space1，这样 Space 的名字就修改成了 Space1，如图 2-51 所示。

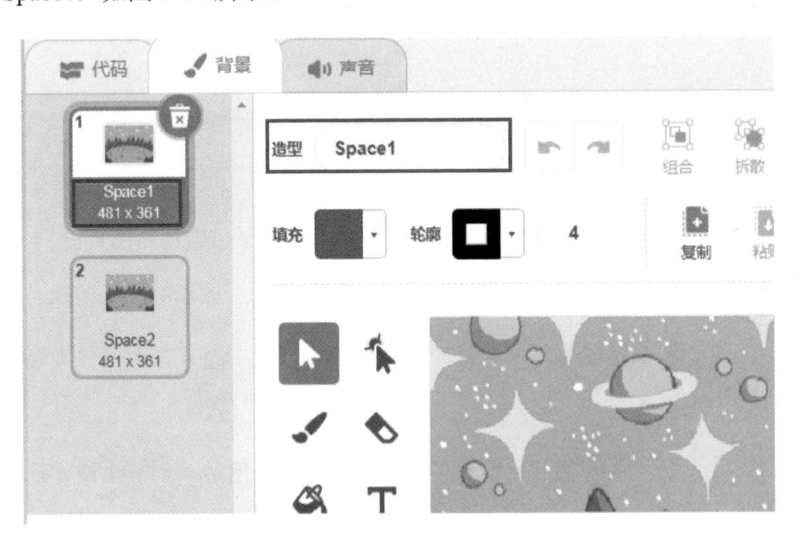

图2-51 Space1背景选项卡界面

接下来绘制不同颜色的星星，先单击 Space2 背景图标，然后单击转换为位图，如图 2-52 所示。

图2-52 Space2背景选项卡界面

图片分为位图和矢量图两种，具体说明如下。

位图：整个图片由一个个的小方格（像素）组成，我们以像素为单位来编辑图片，而不能以图形为单位来编辑图片。

矢量图：整个图片由多个图形组成，我们可以以图形为单位来编辑图片，例如移动某个图形的位置，为某个图形填充颜色，等等。

矢量图放大时是没有锯齿的，而位图放大到一定程度后会出现锯齿。

Space2 背景的矢量图中并没有将每个星星作为一个单独的图形，我们无法单独操作每个星星并填充颜色，因此需要单击 转换为位图，在位图下编辑 Space2 背景，如图 2-53 所示。

图2-53 Space2背景填充工具

接下来配置要填充的颜色。单击填充 ，如图 2-54 所示，会显示颜色的 3 种配置项：颜色、饱和度和亮度。我们先将饱和度和亮度的圆形滑块拖动到最右边，然后单独拖动颜色的圆形滑块，就可以得到各种颜色了。例如当颜色的圆形滑块在最左侧时，填充的颜色就是红色。

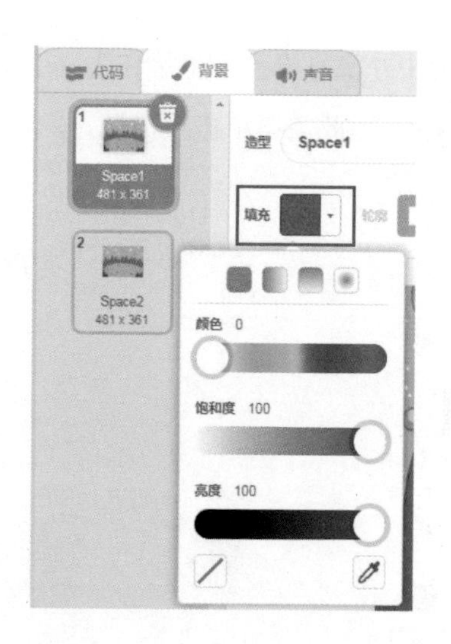

图2-54 填充颜色配置项

确定填充颜色后，单击，将鼠标指针移动到想要填充的星星上，然后单击（左键或右键都可以），就可以看到黄色的星星被填充颜色所覆盖，如图 2-55 所示。

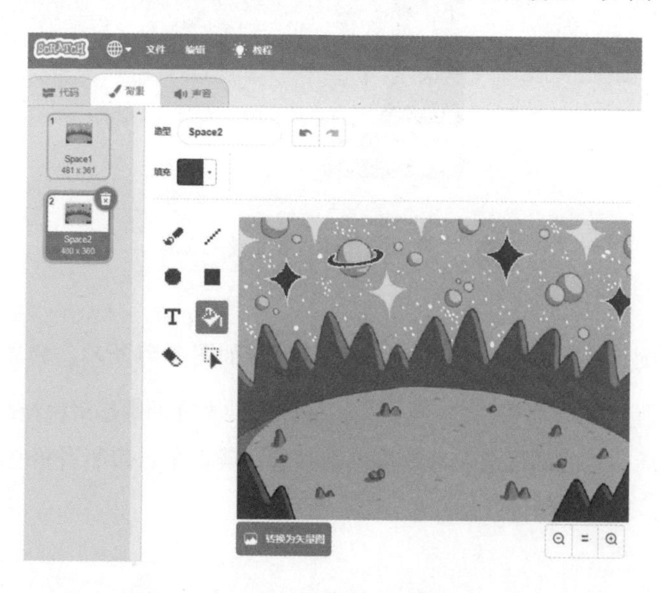

图2-55 Space2背景填充后的效果

艾叔特别提醒

记得保存“新年贺卡-004-背景动画”项目文件，养成 ★ 及时保存与定期备份的好习惯。

我们可以根据自己的想法，使用不同的颜色来填充背景。如果我们在填充过程中出现了误操作，可以单击“撤回”按钮，撤销上一步操作，如图 2-56 所示。

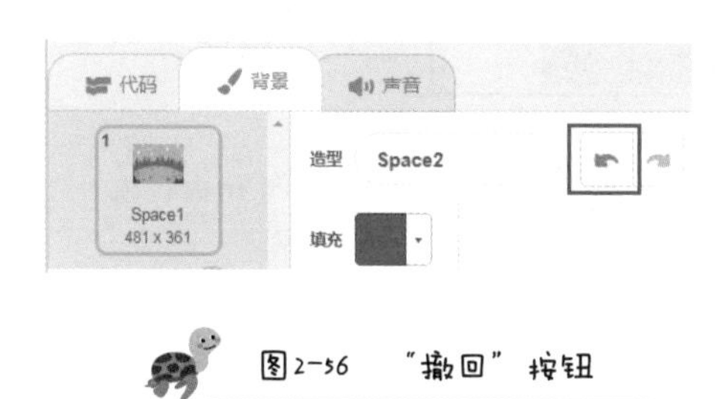

图 2-56 “撤回”按钮

此外，我们还要单击 转换为矢量图 ，将 Space2 转换回矢量图，和 Space1 保持一致，否则不同格式的背景在切换的时候会有位置上的差异，如图 2-57 所示。

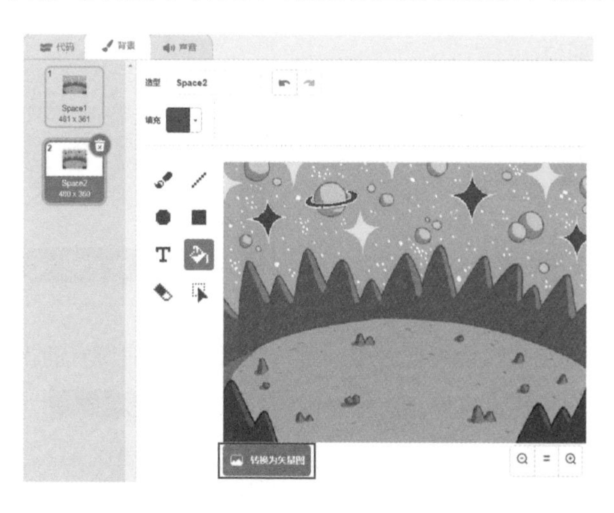

图 2-57 “转换为矢量图”按钮

如果新背景已经绘制好，我们就可以添加背景切换的代码了，如图 2-58 中代码 1 所示。

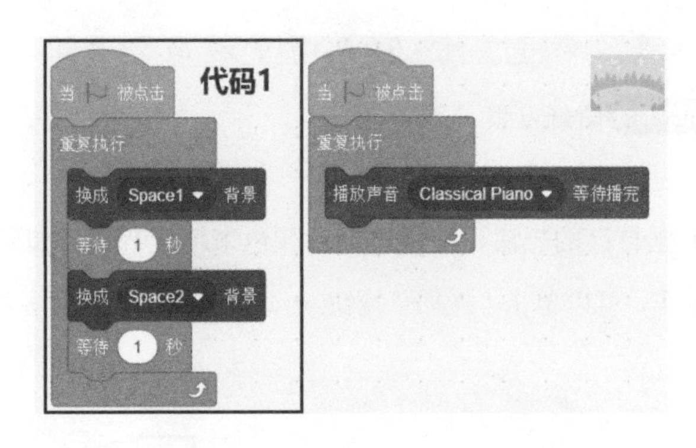

图 2-58 添加背景切换代码

在背景切换代码中，我们新增了一个当 被点击。当 被单击时，它下面的代码就会按顺序向下执行。我们使用了重复执行来让背景切换能够持续进行，而不是只切换一轮。我们使用了等待 1 秒，使得每次切换背景后该背景能够停留 1 秒，这样我们就能够看清楚这些背景的切换过程了。特别要注意的是，换成 Space2 背景下的等待 1 秒一定不能漏掉。

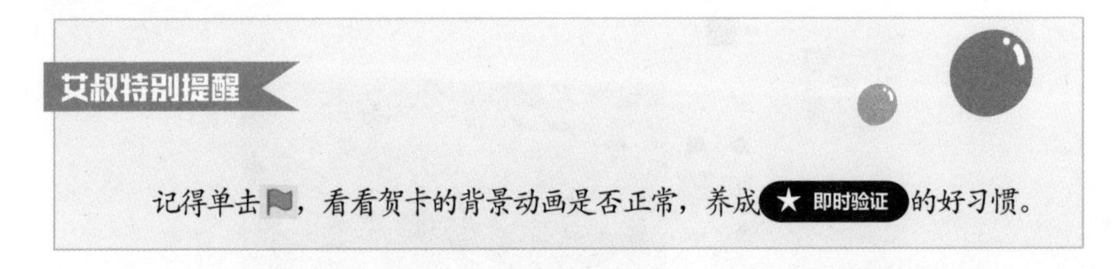

艾叔特别提醒

记得单击 ，看看贺卡的背景动画是否正常，养成★ 即时验证的好习惯。

如果我们仔细观察，会发现一个问题：当 Abby 说完所有的祝福语之后，所有的动画和背景音乐并没有停止。这是因为我们使用了重复执行，重复执行下方的代码会不停地执行。那应该怎么办呢？很简单，我们只需要在 Abby 说完祝福语后，加上停止 全部脚本即可，这样就会强制停止所有代码的执行，如图 2-59 所示。

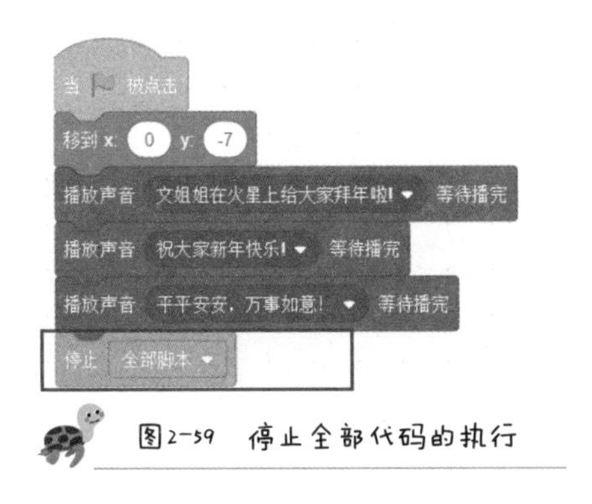

图2-59 停止全部代码的执行

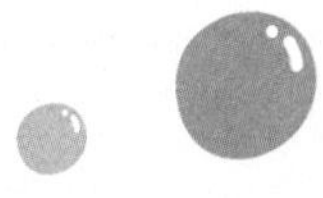

艾叔特别提醒

我们可以单击🏳，看看Abby说完祝福语后，其他的动画和背景音乐是否停止，养成★ 即时验证的好习惯。

第五步：添加祝福文字

首先切换到角色 Abby，然后使用“外观”分类积木中的 说 你好! 来实现祝福文字的显示，代码如图 2-60 所示。

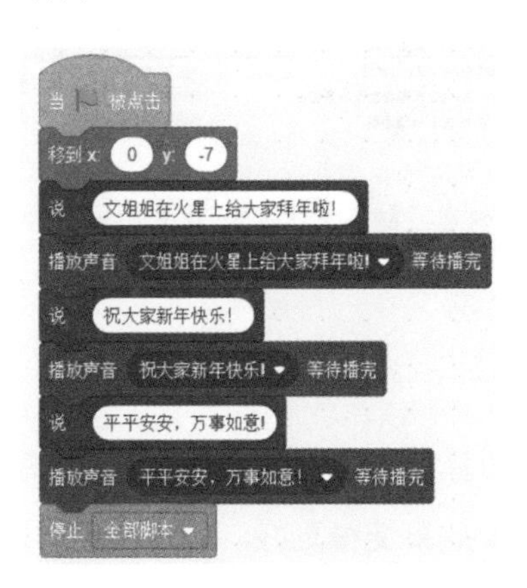

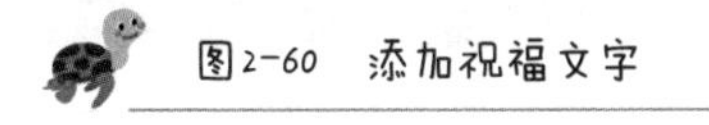
图2-60 添加祝福文字

第六步：保存和备份

至此，我们完成了一个完整的贺卡程序。这个贺卡程序既有祝福语音，又有背景音乐，还有各种动画，简直是太酷了。在退出之前，要记得★ 及时保存与定期备份，单击“文件”菜单中的“保存到电脑”菜单项，将当前项目文件保存为“新年贺卡 -004-背景动画”，如图 2-61 所示。

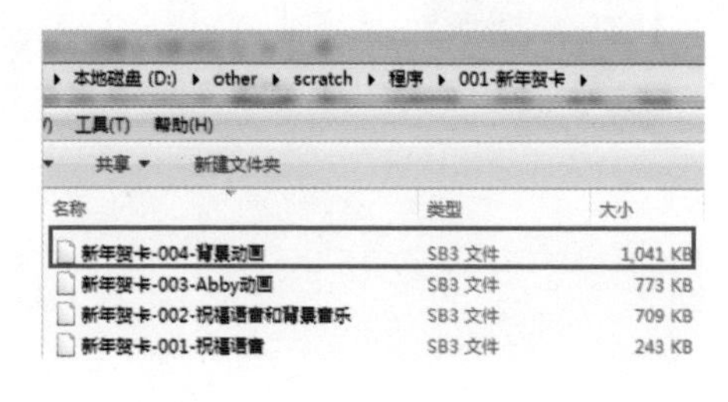

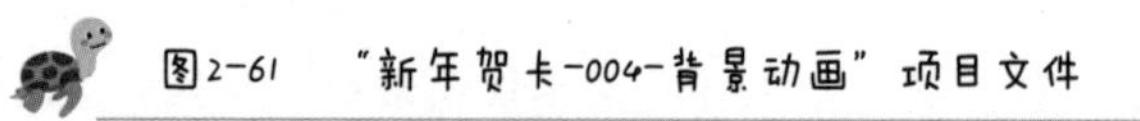
图2-61 “新年贺卡-004-背景动画”项目文件

接下来复制“新年贺卡 -004- 背景动画”到 bk 文件夹中，做一个备份，如图 2-62 所示。

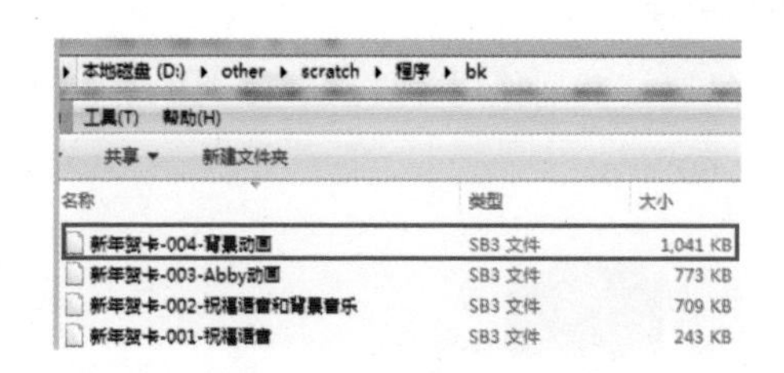

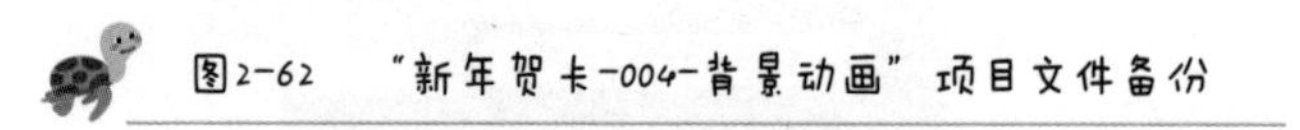
图2-62 “新年贺卡-004-背景动画”项目文件备份

小结

今天我们绘制了新的背景，并使用造型切换的方法实现了背景动画，还添加了祝福文字，使得贺卡效果变得更好。同时，我们还进行了★ 先分析再编程、★ 先复制再修改、★ 即时验证、★ 取名要规范、★ 及时保存与定期备份的习惯养成练习。这些习惯对编程非常有帮助，我们在后续的项目中还要加强练习。

第3章

项目二：神奇的数字钢琴

3.1 看看我做的数字钢琴吧

本章我们用 Scratch 制作一架数字钢琴，它的界面如图 3-1 所示。

图3-1 “数字钢琴”程序主界面

这是一架神奇的钢琴，我们只需要按键盘上的键就可以弹出美妙的曲子，而且还有伴奏。扫描二维码就可以欣赏它弹奏的曲子哦，大家能听出来它弹奏的是什么曲子吗？

那我们该如何实现这架神奇的数字钢琴呢？别着急，我们在编写代码之前，先进行**程序分析**，养成 ★ 先分析再编程 的好习惯。

程序分析要完成以下 3 个任务，并得到具体的结果。

- 找出这架数字钢琴有**哪些功能**。
- 找出**最重要的功能**是什么。
- 找出**最难实现的功能**是什么。

我们先看**程序分析**的第一个任务，稍加思考就可以知道这架数字钢琴的主要功能，如图 3-2 所示。

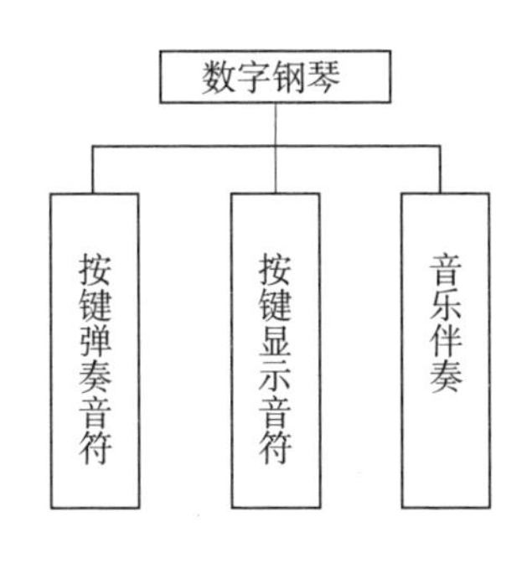

图3-2 “数字钢琴”程序的功能模块图

我们再看**程序分析**的第二个任务。“按键弹奏音符”是数字钢琴最重要的功能，如果没有这个功能，数字钢琴就不是钢琴了；而有这个功能的话，即使其他功能没有，这个程序依然是数字钢琴，只是没有那么完美罢了。因此，“按键弹奏音符”是数字钢琴最重要的功能。

我们最后看**程序分析**的第三个任务，数字钢琴中最难实现的功能是什么呢？我们可以把每个功能的实现在脑海中过一遍：对于“按键弹奏音符”功能，我们可以找到按键响应的积木 当按下 空格▼ 键 ，但是弹奏音符的积木在 声音 分类积木中并没有，因此这是一个难点；而对于“按键显示音符”功能，我们可以找到数字角色，这个功能不难实现；对于“音乐伴奏”功能，“声音”分类积木中也没有相应的积木，因此这也是一个难点。

综上所述，“按键弹奏音符”功能是数字钢琴中最重要且有难度的一个功能，根据 ★ 紧盯最重要功能 这个好习惯，我们第一步要实现的就是“按键弹奏音符”功能。

3.2 第5天：让数字钢琴弹奏第一个音符

今天我们让数字钢琴弹奏出第一个音符 do，这是最重要和最关键的功能。如果这个功能实现了，那么其他的音符（如 re、mi、fa、so、la、xi）就都没有问题了。

第一步：新建项目

首先我们新建一个空白项目，并将项目命名为“数字钢琴 -001- 弹奏 do”，养成★ 取名要规范的习惯，编程界面如图 3-3 所示，步骤如下。

双击桌面中的 Scratch Desktop 图标，新建一个空白项目，并命名为“数字钢琴 -001- 弹奏 do”，删除默认角色。

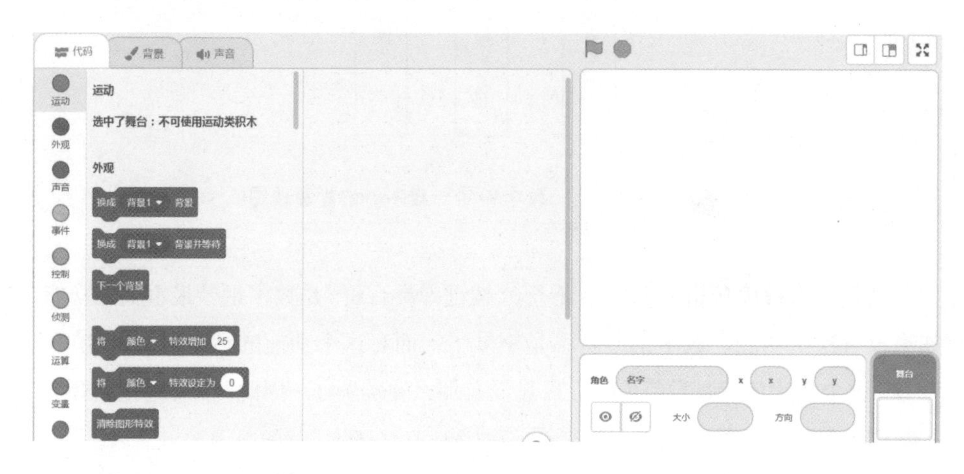

图3-3 “数字钢琴-001-弹奏do”主界面

我们将“数字钢琴 -001- 弹奏 do”项目文件存储到本地，养成★ 及时保存与定期备份的好习惯，如图 3-4 所示。

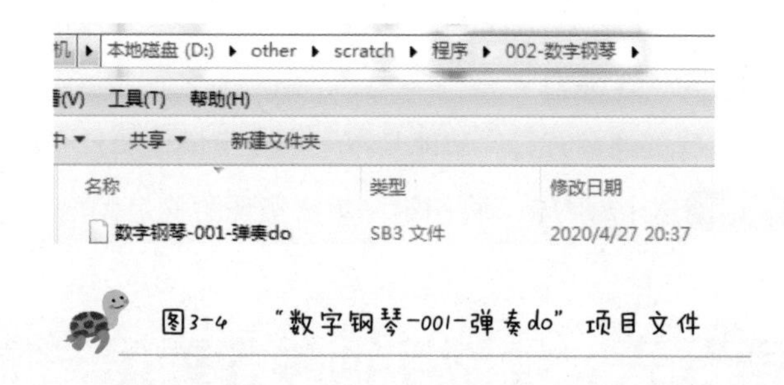

图3-4 “数字钢琴-001-弹奏do”项目文件

艾叔特别提醒

我们在存储“数字钢琴-001-do”项目文件之前，要先创建文件夹“002-数字钢琴”。

第二步：加入背景和角色

加入 Scratch 自带的 Spotlight 背景，如图 3-5 所示。

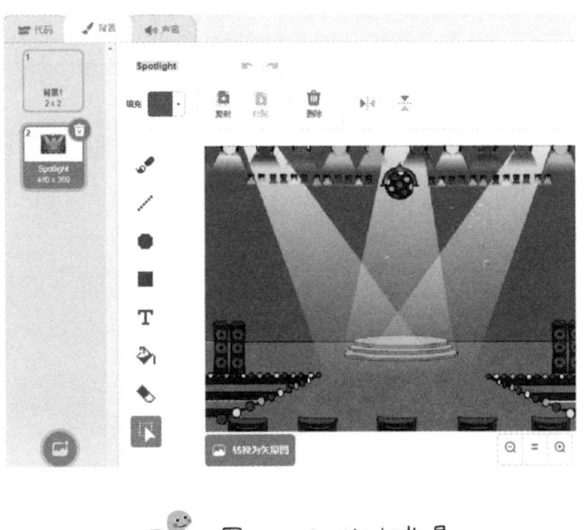

图3-5 Spotlight背景

接下来加入 Scratch 自带的 Keyboard 角色（简称 Keyboard），如图 3-6 所示。

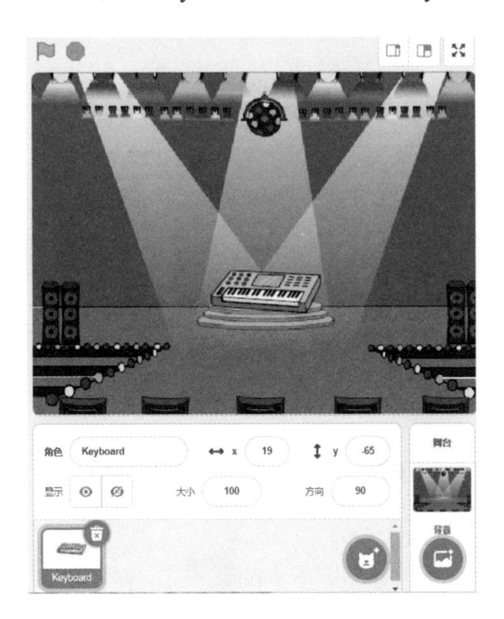

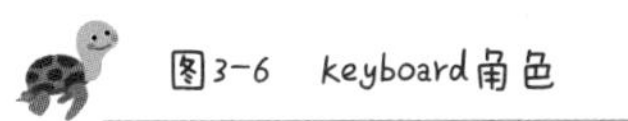

图3-6 keyboard角色

第三步：初始化

由于数字钢琴的初始位置是可以拖动的，因此我们在程序开始运行时，要对其初始化，以固定数字钢琴出现的位置，养成 ★ 万事开头初始化 的好习惯，具体代码如图 3-7 所示。

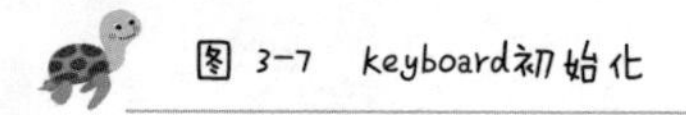

说明：图 3-6 所示的 *x* 和 *y* 值来源于图 3-8 所示的 *x* 和 *y* 值。

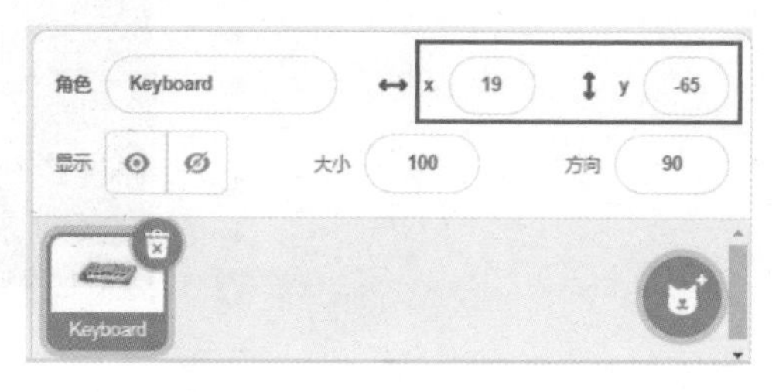

第四步：弹奏音符 do

编写该功能的代码前先分析该功能如何实现，以养成 ★ 先分析再编程 的好习惯，具体分析和操作如下。

找到按键响应的积木，单击 事件 并找到 当按下 空格 键，将它拖动到 Keyboard 的代码编辑区中，如图 3-9 所示。

关联 do 所对应的按键，单击 当按下 空格 键 中的下三角按钮，选择“1”，如图 3-9 所示。

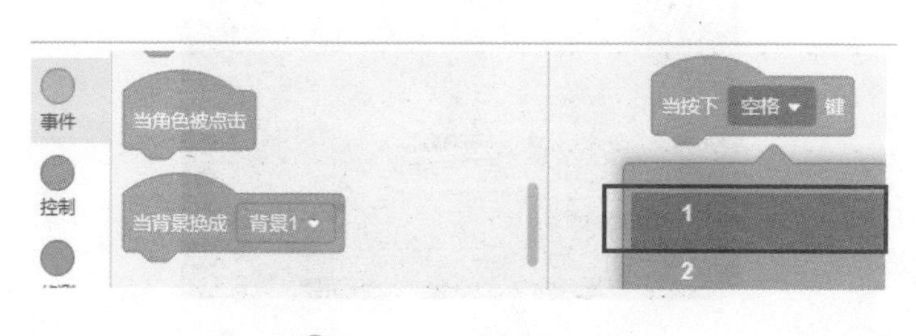

图3-9 按键响应的积木

插入 do 积木，单击积木分类区下方的 添加扩展，在扩展工具界面中单击“音乐”图标，如图 3-10 所示。

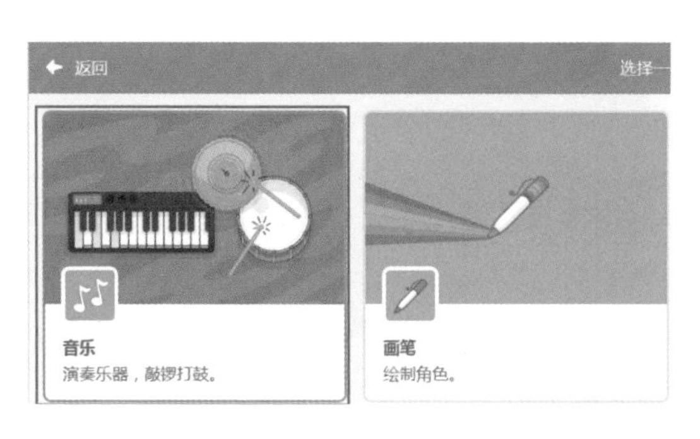

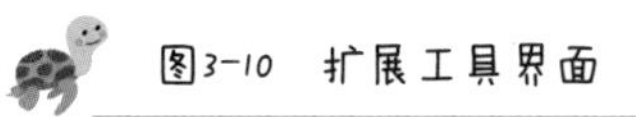
图3-10 扩展工具界面

此时积木分类区中会出现 音乐 图标，如图 3-11 所示，积木区还会显示 音乐 的具体积木。

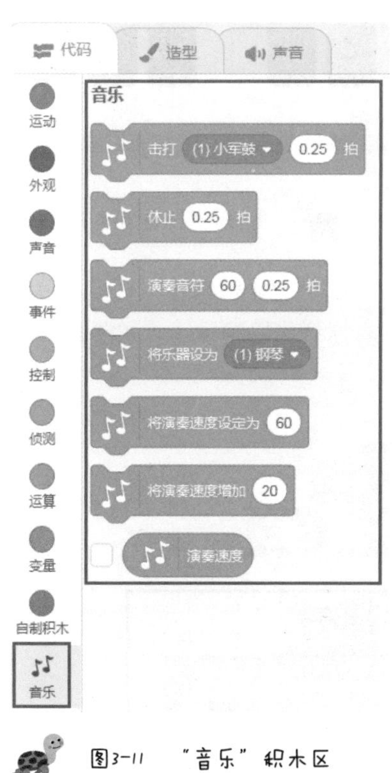

图3-11 “音乐”积木区

图 3-11 所示的 演奏音符 60 0.25 拍 积木用来演奏音符，该积木有两个输入参数，说明如下。

第一个输入参数用来设置特定音符，使用数字表示， 60 表示 do，每增加 1 就增加一个半音，例如 62 就表示音符 re。我们还可以单击圆形文本框，此时会出现一个键盘，如图 3-12 所示，单击琴键会发出声音并显示数字，我们可以据此来确定每个白键对应的数字。

第二个输入参数用来设置节拍，默认值 0.25 就是 1/4 拍，我们不需要修改，采用默认值即可。

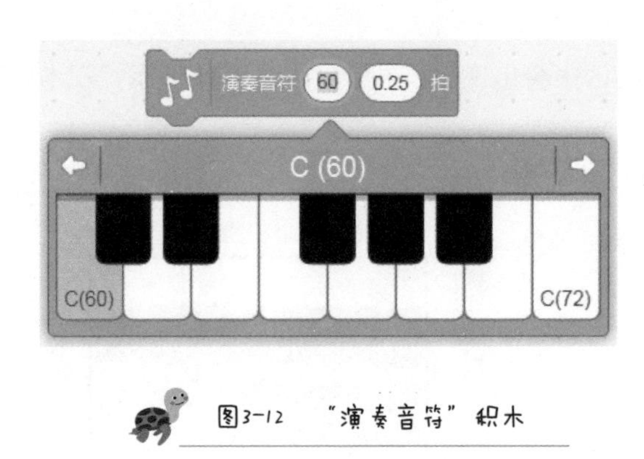

图3-12 “演奏音符”积木

将 演奏音符 60 0.25 拍 拖到代码编辑区，如图 3-13 所示。

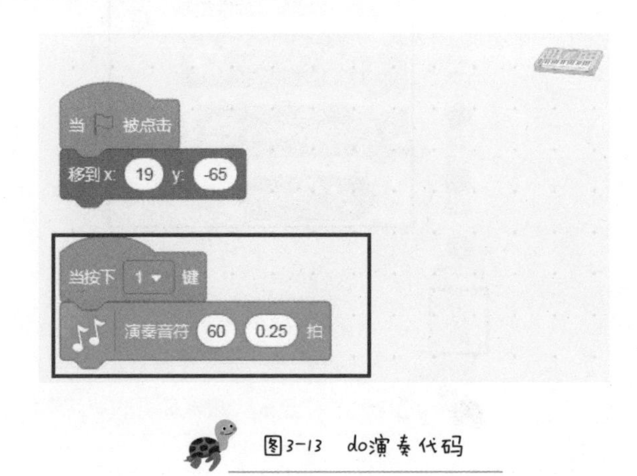

图3-13 do演奏代码

按数字键“1”，检查程序能否顺利发出 do 的音，养成★即时验证的好习惯。

第五步：保存和备份

至此，我们实现了用数字钢琴弹奏第一个音符 do 的功能，后续我们可以基于同样的方法，让数字钢琴演奏其他的音符。在退出之前，要记得★及时保存与定期备份，单击“文件”菜单中的“保存到电脑”菜单项，将当前项目文件保存为“数字钢琴 -001- 弹奏 do”，如图 3-14 所示。

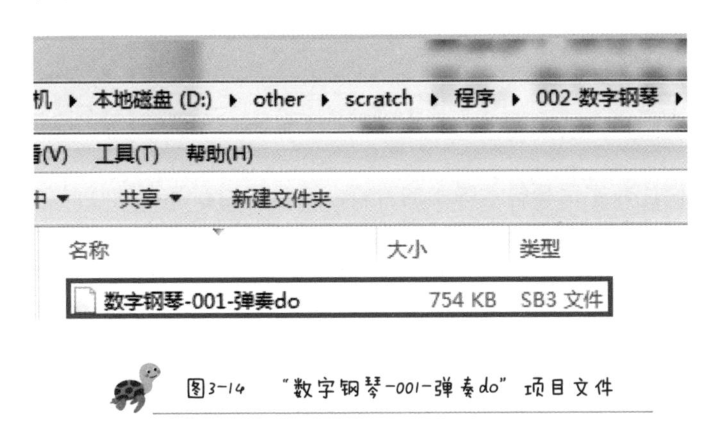

图3-14 “数字钢琴-001-弹奏do”项目文件

接下来复制“数字钢琴 -001- 弹奏 do”到 bk 文件夹中做一个备份，如图 3-15 所示。

▸ 本地磁盘 (D:) ▸ other ▸ scratch ▸ 程序 ▸ bk

V) 工具(T) 帮助(H)

新建文件夹

名称	类型	大小
新年贺卡-001-祝福语音	SB3 文件	243 KB
新年贺卡-002-祝福语音和背景音乐	SB3 文件	709 KB
新年贺卡-003-Abby动画	SB3 文件	773 KB
新年贺卡-004-背景动画	SB3 文件	1,041 KB
数字钢琴-001-弹奏do	SB3 文件	754 KB

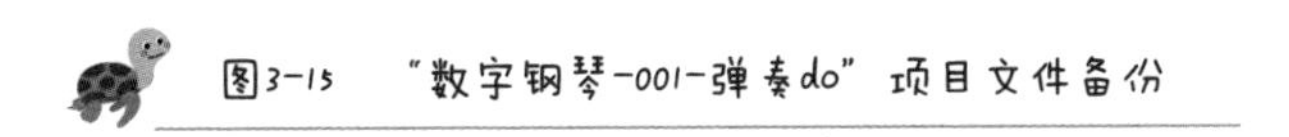

图3-15 “数字钢琴-001-弹奏do”项目文件备份

小结

今天我们创建了“数字钢琴 -001- 弹奏 do”项目文件，添加了角色和背景，对角色位置进行了初始化，实现了数字钢琴弹奏 do 的功能。我们还进行了 ★ 先分析再编程、★ 万事开头初始化、★ 即时验证、★ 取名要规范、★ 及时保存与定期备份 的习惯养成练习。这些习惯对编程非常有帮助，我们在后续的项目中还要加强练习。

3.3 第 6 天：让数字钢琴显示弹奏的音符

今天我们让数字钢琴显示弹奏的音符，这样我们在弹奏的时候就可以知道弹奏的是哪个音符了，步骤如下。

第一步：复制项目文件

我们将在“数字钢琴 -001- 弹奏 do”的基础上编写新的代码，在编写之前我们要先复制“数字钢琴 -001- 弹奏 do”，并重命名为“数字钢琴 -002- 显示弹奏的音符”，养成 ★ 先复制再修改 的好习惯，如图 3-16 所示。

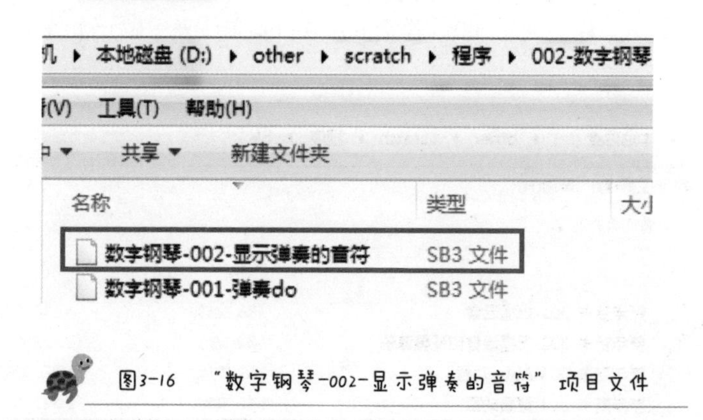

图3-16 “数字钢琴-002-显示弹奏的音符”项目文件

第二步：添加角色

打开“数字钢琴 -002- 显示弹奏的音符”，在角色库界面的搜索栏中输入 1，界面将显示所有名字包含 1 的角色，如图 3-17 所示。

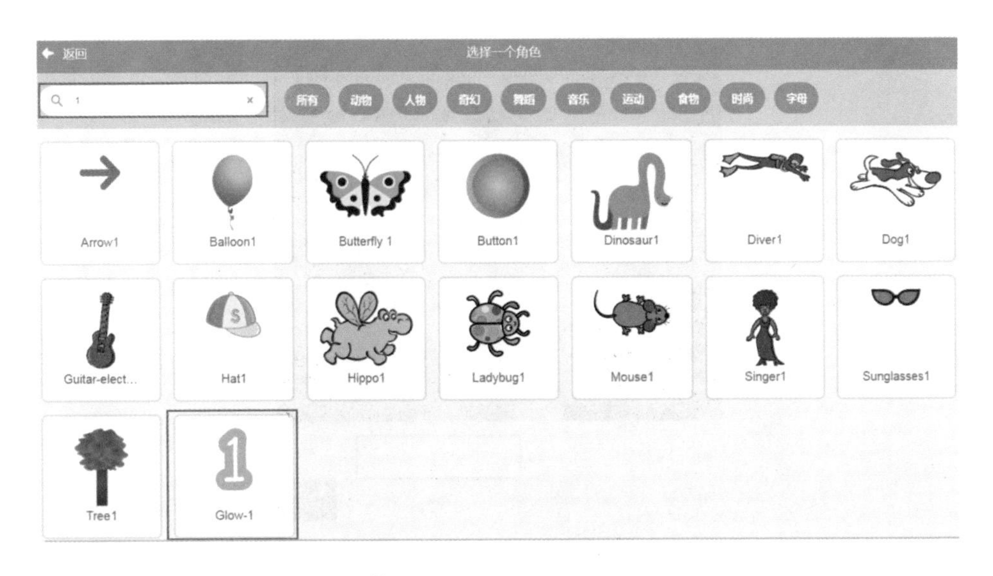

图3-17 名字包含1的角色

单击 Glow-1 角色（简称 Glow-1），角色区将新增 Glow-1 的图标，如图 3-18 所示。

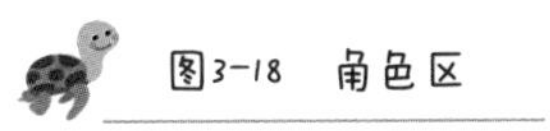
图3-18 角色区

在舞台区中拖动 Glow-1 到合适的位置，如图 3-19 所示，此时 Glow-1 的 x 坐标为 9，y 坐标为 34。记住这个坐标，它将用于后续的位置初始化。

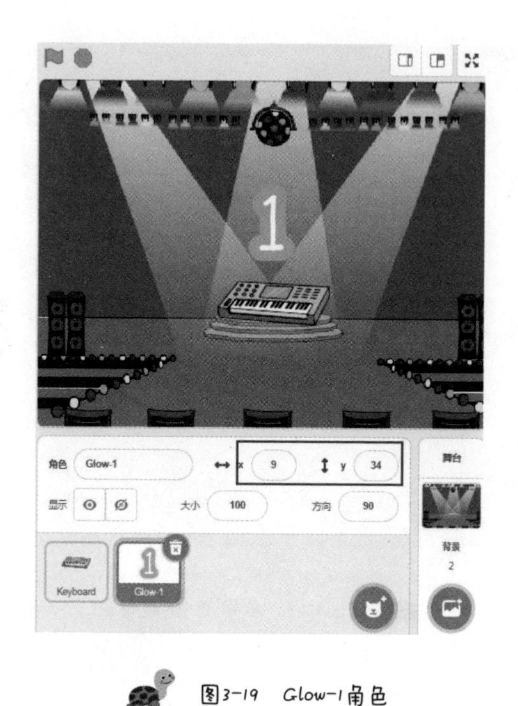

图3-19 Glow-1角色

添加Glow-1的初始化代码来固定Glow-1出现的位置，养成★ 万事开头初始化的好习惯，如图3-20所示。

图3-20 Glow-1初始化代码

第三步：显示弹奏的音符

我们可以在弹奏时使用广播 消息1 积木发送一条消息给Glow-1，Glow-1接收到消息后就会显示自己，具体步骤如下。

在事件积木区中找到广播 消息1积木，如图 3-21 中的 1 所示。

将广播 消息1拖到 Keyboard 代码编辑区的当按下 1 键下，如图 3-21 中的 2 所示，单击“消息 1”右边的下三角按钮。

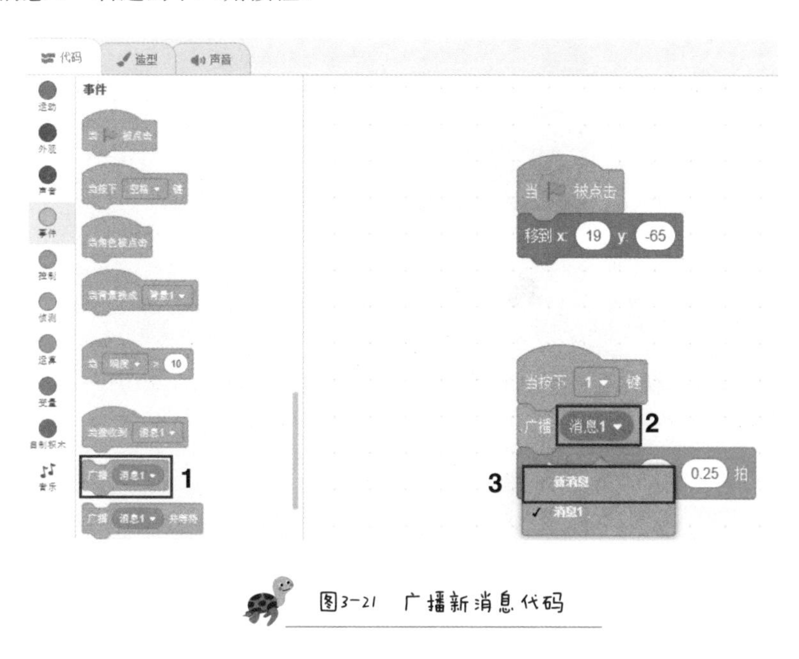

图3-21 广播新消息代码

单击图 3-21 中 3 所示的“新消息”菜单项，弹出创建新消息的对话框，如图 3-22 所示。

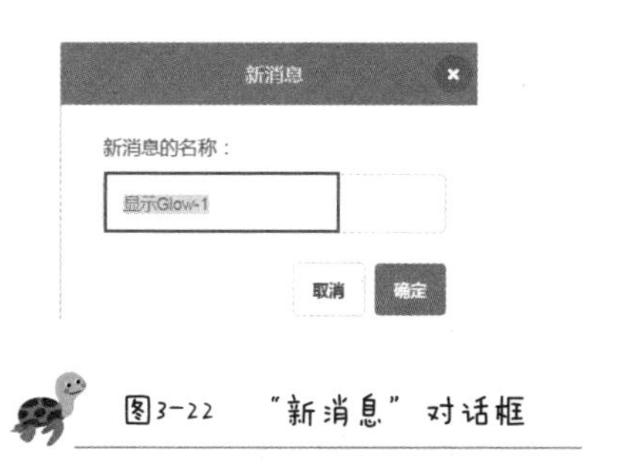

图3-22 “新消息”对话框

在“新消息名称”文本框中输入新消息的名字“显示 Glow-1”，养成★ 取名要规范好习惯。

单击“确定”按钮，此时代码中广播的消息变成了“显示 Glow-1”，如图 3-23 所示。

图3-23 新广播消息

增加 Glow-1 初始化代码，隐藏 Glow-1，如图 3-24 所示。

图3-24 隐藏Glow-1代码

增加 Glow-1 消息处理代码，当接收到“显示 Glow-1”消息时，显示 Glow-1，如图 3-25 所示。

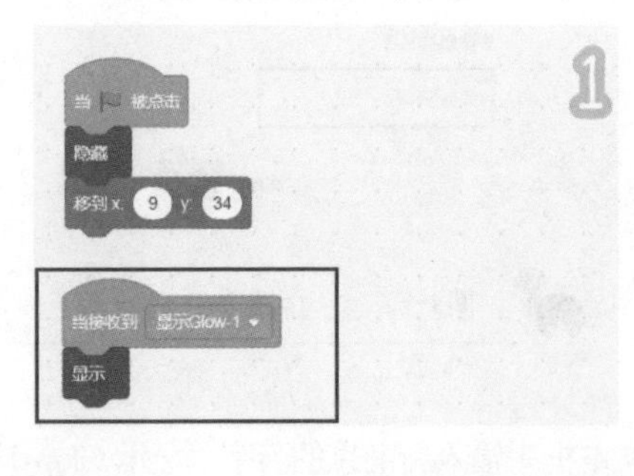

图3-25 “显示Glow-1”消息处理代码

单击🏁，然后按数字键“1”，检查 Glow-1 是否正常显示，养成 ★ 即时验证 好习惯。

参照前面的操作，创建消息“隐藏 Glow-1”并在 Keyboard 中添加代码，如图 3-26 所示。

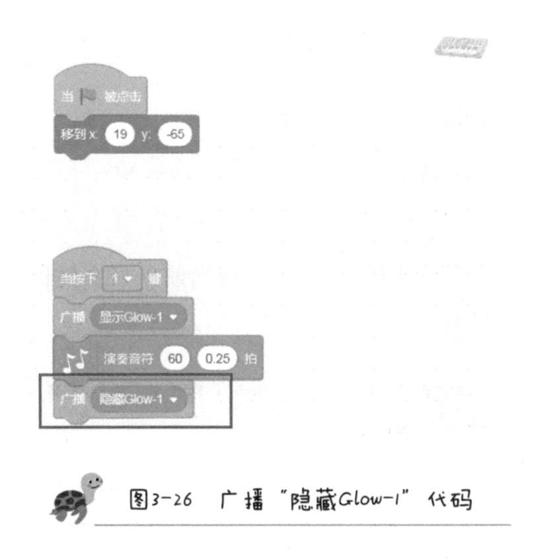

图3-26　广播“隐藏Glow-1”代码

增加 Glow-1 消息处理代码，当接收到“隐藏 Glow-1”消息时，隐藏 Glow-1，如图 3-27 所示。

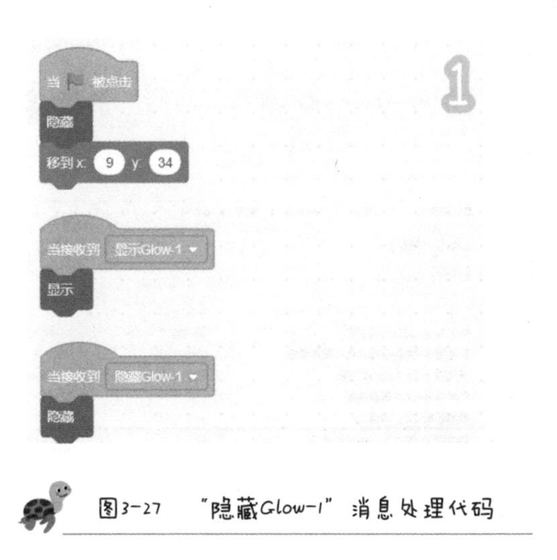

图3-27　“隐藏Glow-1”消息处理代码

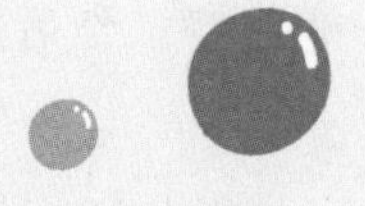

艾叔特别提醒

单击🏳，然后按数字键“1”，检查Glow-1是否正常显示和隐藏，养成★即时验证的好习惯。

第四步：保存和备份

至此，我们完成了让数字钢琴显示弹奏的音符 do，后续我们可以使用同样的方法，让数字钢琴显示其他的音符。在退出之前，要记得★及时保存与定期备份，单击“文件”菜单中的“保存到电脑”菜单项，将当前项目文件保存为“数字钢琴 -002-显示弹奏的音符”，如图 3-28 所示。

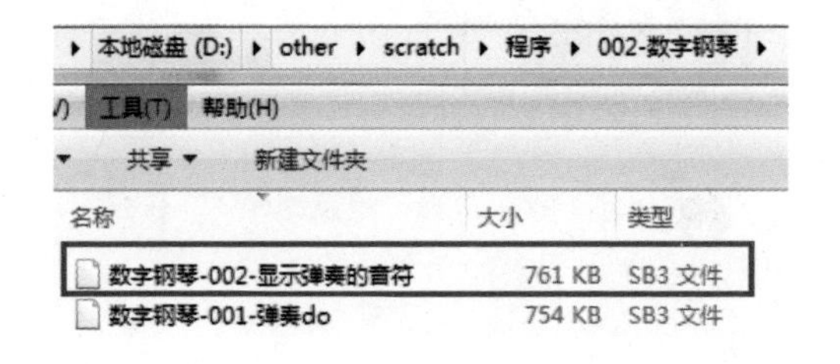

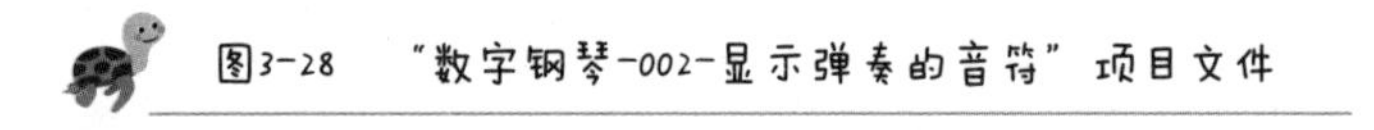
图3-28 “数字钢琴-002-显示弹奏的音符”项目文件

接下来复制“数字钢琴 -002- 显示弹奏的音符”到 bk 文件夹中做一个备份，如图 3-29 所示。

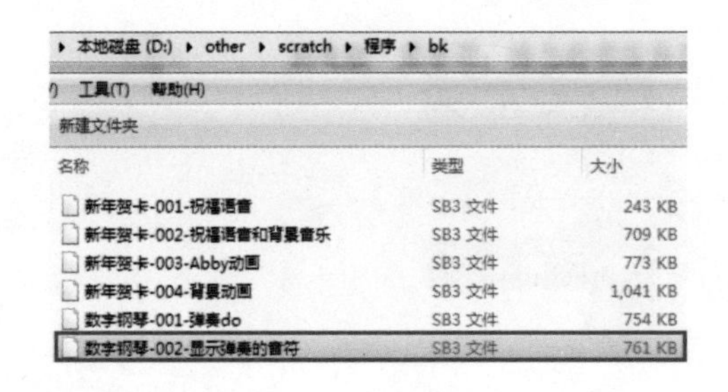

图3-29 “数字钢琴-002-显示弹奏的音符”项目文件备份

小结

今天我们实现了数字钢琴显示弹奏的音符 do 的功能。同时，我们还进行了 ★ 先复制再修改、★ 万事开头初始化、★ 即时验证、★ 取名要规范、★ 及时保存与定期备份的习惯养成练习。这些习惯对编程非常有帮助，我们在后续的项目中还要加强练习。

3.4 第 7 天：让数字钢琴显示和弹奏所有音符

今天我们让数字钢琴显示和弹奏所有音符，这样我们在弹奏的时候就可以知道是哪个音符了，步骤如下。

第一步：复制项目文件

我们将在“数字钢琴 -002- 显示弹奏的音符”的基础上编写新的代码，在编写之前我们要先复制“数字钢琴 -002- 显示弹奏的音符”，并重命名为“数字钢琴 -003- 显示和弹奏所有音符”，养成 ★ 先复制再修改 的好习惯，如图 3-30 所示。

▸ 本地磁盘 (D:) ▸ other ▸ scratch ▸ 程序 ▸ 002-数字钢琴
工具(T) 帮助(H)
共享 ▾ 新建文件夹
名称 类型
数字钢琴-003-显示和弹奏所有音符 SB3 文件
数字钢琴-002-显示弹奏的音符 SB3 文件
数字钢琴-001-弹奏do SB3 文件

图3-30 “数字钢琴-003-显示和弹奏所有音符”项目文件

第二步：让数字钢琴显示和弹奏所有音符

参考第 5 天第四步和第 6 天第三步的步骤，依次添加音符 re、mi、fa、so、la 和 si，它们分别对应数字键“2”“3”“4”“5”“6”“7”。所有音符角色如图 3-31 所示。

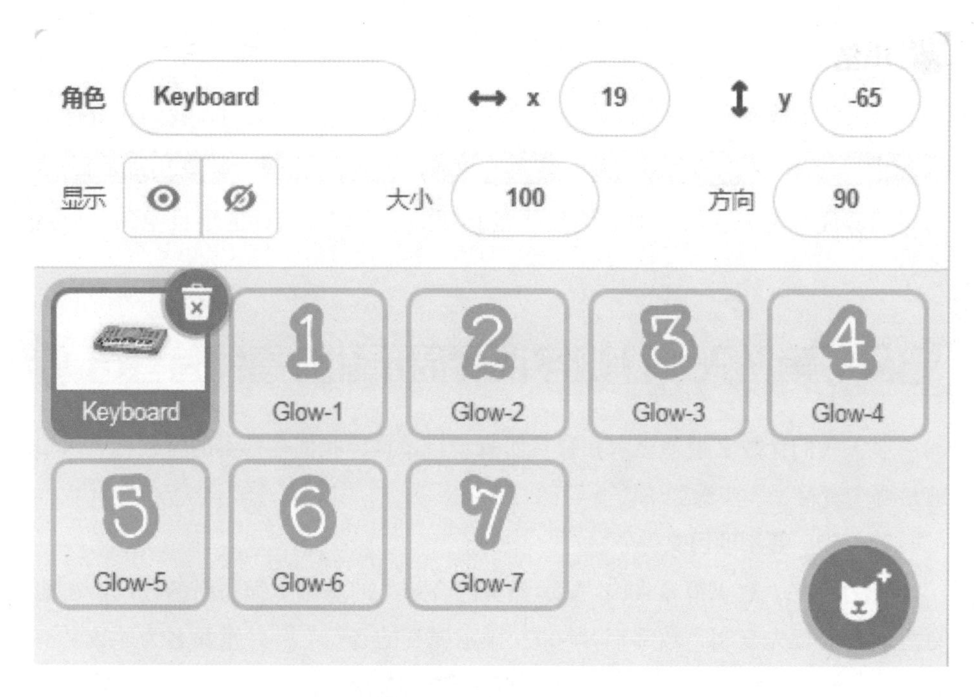

图3-31 所有音符角色

Keyboard 的代码如图 3-32 所示，我们在编写代码时要特别注意以下几点。

- 以音符为单位进行编程，例如我们完成音符 re 的所有功能后，再完成音符 mi 的所有功能。
- 每个音符的数字按键和广播消息都不一样，要特别注意。
- 要特别注意每个音符对应的数字，我们可以单击 演奏音符 60 0.25 拍 积木的第一个文本框，在弹出的键盘中选择对应的按键来获取数字。
- 每添加一个音符，我们要立即测试该音符是否正常工作，养成 ★ 即时验证 好习惯。
- 每添加一个音符并测试无误后，要将当前所做的修改存储到“数字钢琴 -003- 显示和弹奏所有音符”项目文件中，养成 ★ 及时保存与定期备份 好习惯。

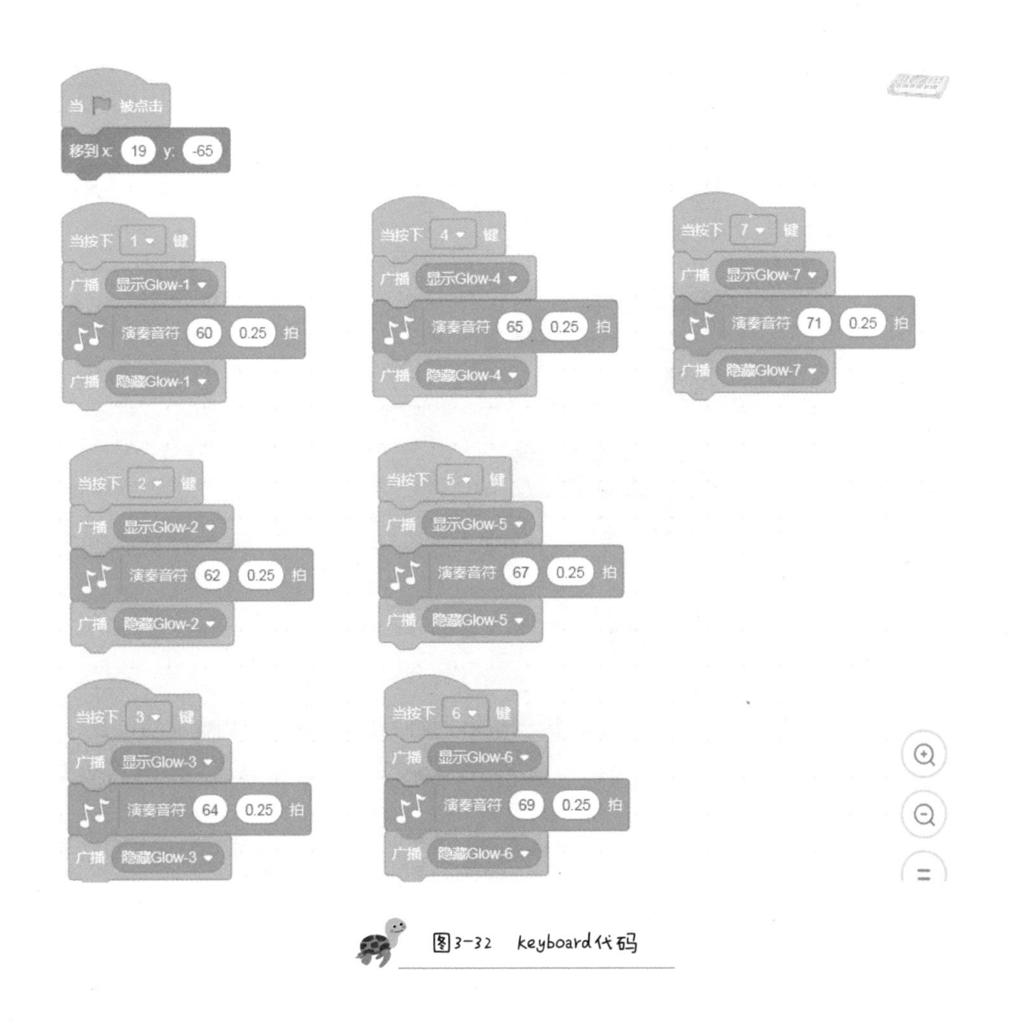

图3-32 keyboard代码

每个音符都有自己的代码，以音符 re 为例，其代码如图 3-33 所示。

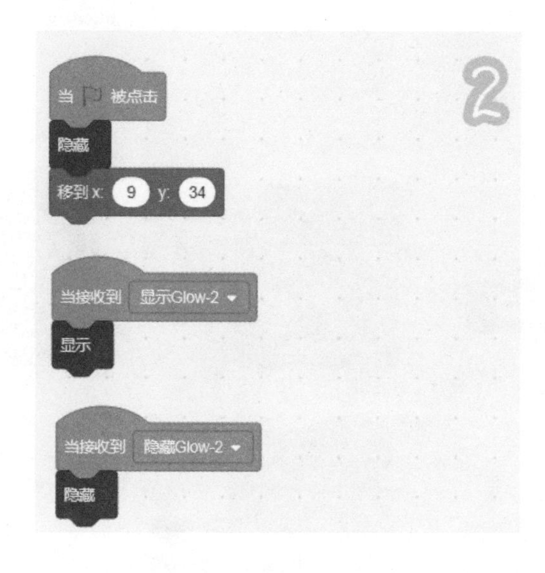

图3-33 音符re的代码

注意：每个角色的初始位置是不一样的，我们需要拖动它们到合适的位置。由于一开始角色是隐藏的，我们可以单击角色区中的 ◉ 来显示角色，如图 3-34 所示。

图3-34 re角色区

第三步：保存和备份

至此，我们实现了数字钢琴显示和弹奏所有音符的功能。在退出之前，要记得 ★ 及时保存与定期备份，单击“文件”菜单中的“保存到电脑”菜单项，将当前项目文件保存为“数字钢琴 -003- 显示和弹奏所有音符”，如图 3-35 所示。

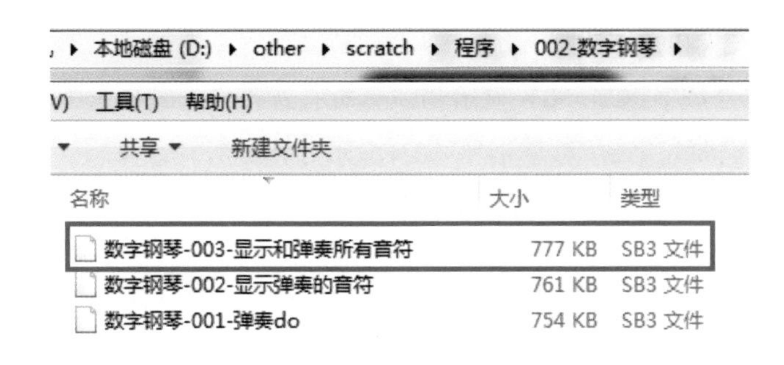

图3-35 “数字钢琴-003-显示和弹奏所有音符”项目文件

接下来复制“数字钢琴 -003- 显示和弹奏所有音符”到 bk 文件夹中做一个备份，如图 3-36 所示。

本地磁盘 (D:) ▸ other ▸ scratch ▸ 程序 ▸ bk
工具(T) 帮助(H)
新建文件夹

名称	类型	大小
数字钢琴-003-显示和弹奏所有音符	SB3 文件	777 KB
数字钢琴-002-显示弹奏的音符	SB3 文件	761 KB
数字钢琴-001-弹奏do	SB3 文件	754 KB

图3-36 “数字钢琴-003-显示和弹奏所有音符”项目文件备份

小结

今天我们实现了数字钢琴显示和弹奏所有音符的功能，我们还进行了 ★ 先复制再修改、★ 即时验证、★ 及时保存与定期备份 的习惯养成练习。这些习惯对编程非常有帮助，我们在后续的项目中还要加强练习。

3.5 第 8 天：为数字钢琴添加伴奏

今天我们为数字钢琴添加伴奏的功能，这样我们在弹奏曲子的时候就会有自动伴奏的音乐了，步骤如下。

第一步：复制项目文件

我们将在“数字钢琴 -003- 显示和弹奏所有音符”的基础上编写新的代码，在编写之前我们要先复制“数字钢琴 -003- 显示和弹奏所有音符”，并重命名为“数字钢琴 -004- 伴奏”，养成 ★ 先复制再修改 的好习惯，如图 3-37 所示。

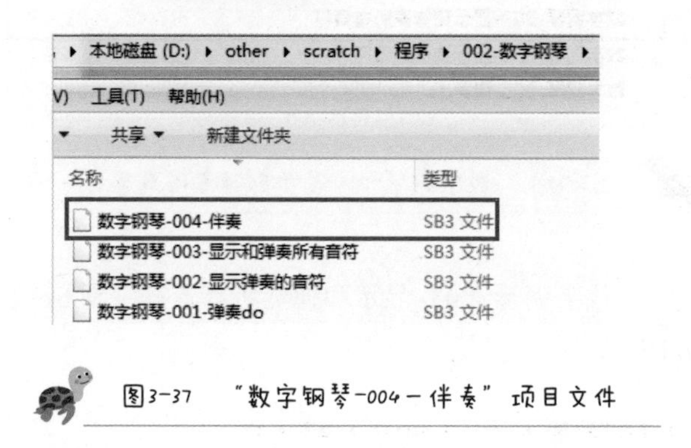

图3-37 “数字钢琴-004-伴奏”项目文件

第二步：程序分析

在编程之前，我们先分析下伴奏功能的设计与实现，养成 ★ 先分析再编程 的好习惯。我们可以增加一个“伴奏按钮”，一开始伴奏是关闭的，单击“伴奏按钮”后开启伴奏（本书使用小军鼓的声音作为伴奏声），再次单击“伴奏按钮”就关闭伴奏。

第三步：增加“伴奏按钮”角色

在角色库界面的搜索栏中输入按钮的英文 Button 进行查找，界面会显示所有名字包含 Button 的角色，如图 3-38 所示。

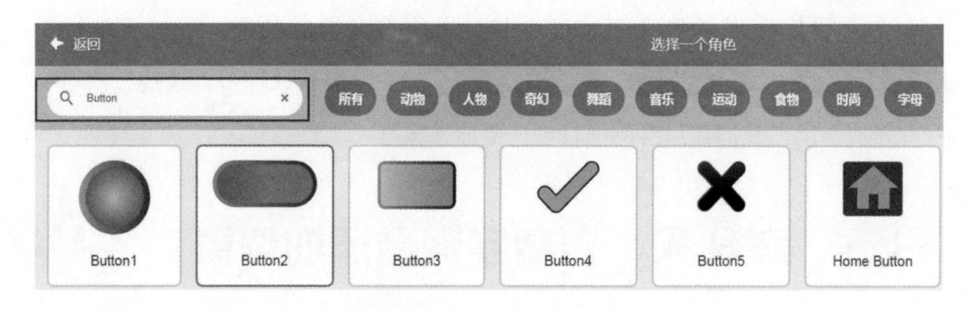

图3-38 角色库界面

我们选择 Button2 作为伴奏按钮，如图 3-38 所示，操作步骤如下。

- 单击 Button2 图标，将添加 Button2 角色（简称 Button2）。
- 在舞台区拖动 Button2 至左下角的合适位置，如图 3-39 中的 1 所示。
- 修改 Button2 的名字为“伴奏按钮”，如图 3-39 中的 2 所示，养成 ★ 取名要规范 的好习惯。
- 修改“伴奏按钮”的大小为 70，如图 3-39 中的 3 所示。
- 将当前所做的修改存储到“数字钢琴 -004- 伴奏”项目文件中，养成 ★ 及时保存与定期备份 的好习惯。

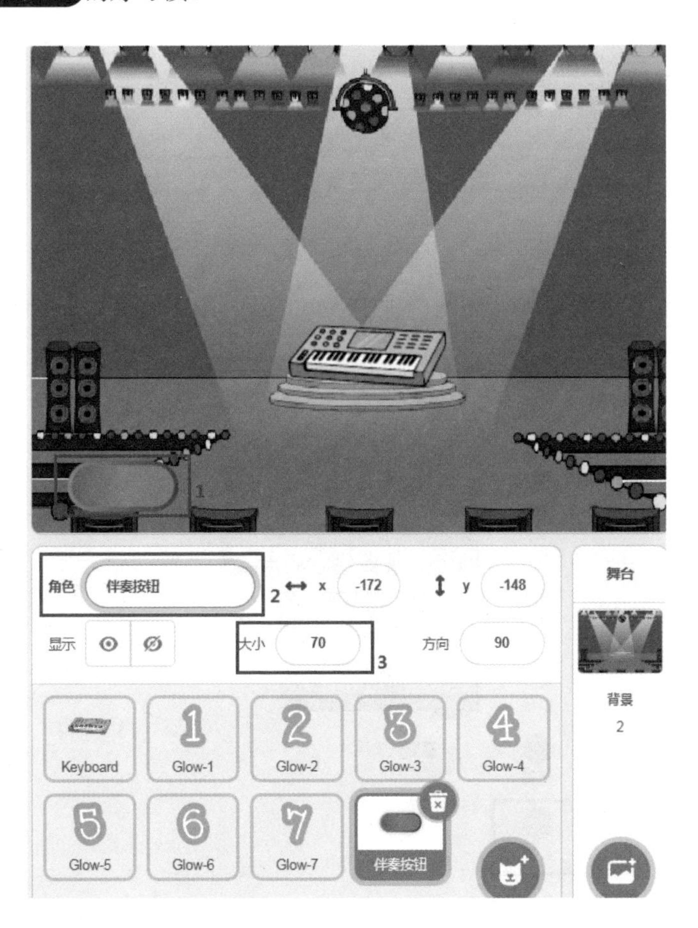

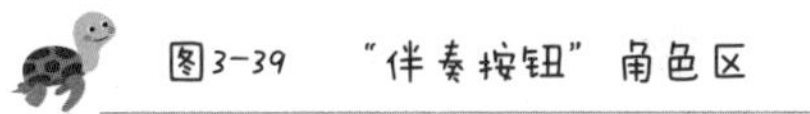
图3-39 “伴奏按钮”角色区

第四步：增加伴奏功能

数字钢琴有“伴奏关”和“伴奏开”两种状态，因此，我们可以使用变量存储这两种状态，0 表示伴奏关，1 表示伴奏开，步骤如下。

艾叔特别提醒

可以认为“变量”是一个小格子，我们可以在小格子上反复写入各种数字。

单击 变量，再单击 建立一个变量，如图 3-40 所示。

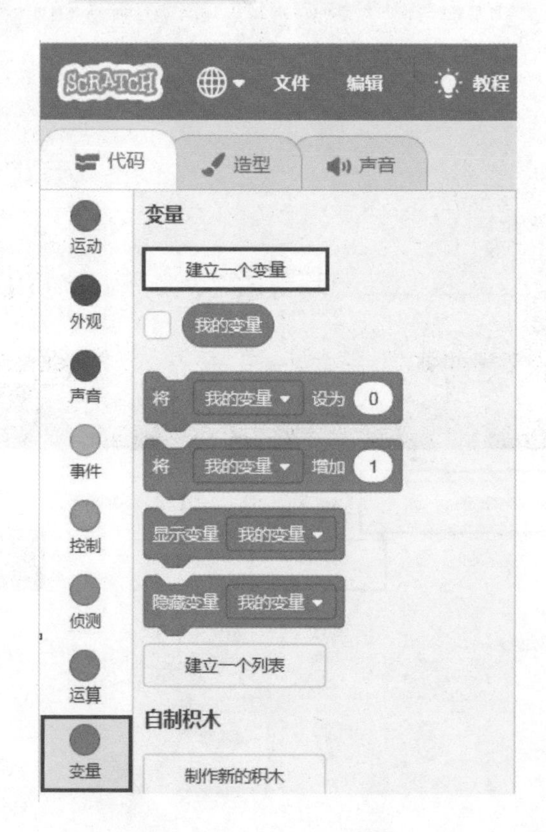

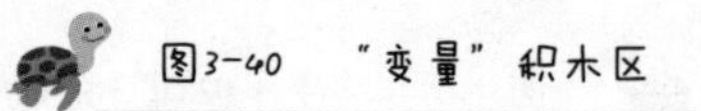
图3-40 “变量”积木区

输入新变量名“伴奏状态”，养成★ 取名要规范好习惯，然后单击确定，如图 3-41 所示。

图3-41 “新建变量”对话框

变量积木区将出现新的积木伴奏状态，用来表示“伴奏状态”变量。

为“伴奏按钮”增加初始化代码，设置伴奏状态为 0，养成★ 万事开头初始化好习惯，如图 3-42 所示。

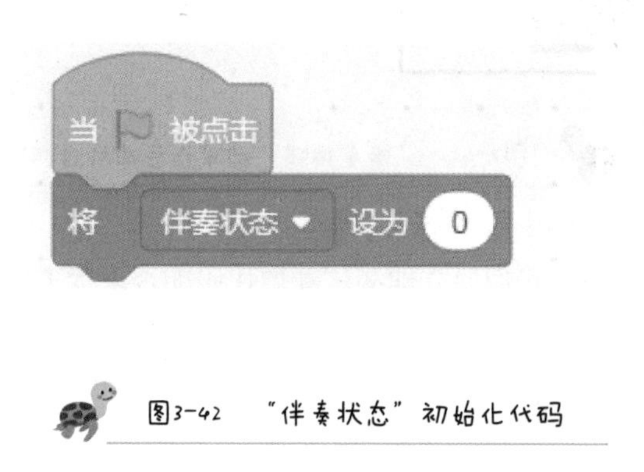

图3-42 “伴奏状态”初始化代码

接下来添加“伴奏按钮”被单击后的处理代码，如图 3-43 所示。当“伴奏按钮”被单击后，我们使用下一个造型来切换“伴奏按钮”的造型，以显示“伴奏按钮”切换到了另一个状态。接下来我们判断伴奏状态的值，如果为 0，则说明当前状态是“伴奏关”，此时将 伴奏状态 的值设置为 1，并重复执行 击打 (1) 小军鼓 0.5 拍 来开启伴奏。如果为 1，则说明当前状态是“伴奏开”，此时将 伴奏状态 的值设置为 0，并且停止该角色其他代码的执行，关闭伴奏。

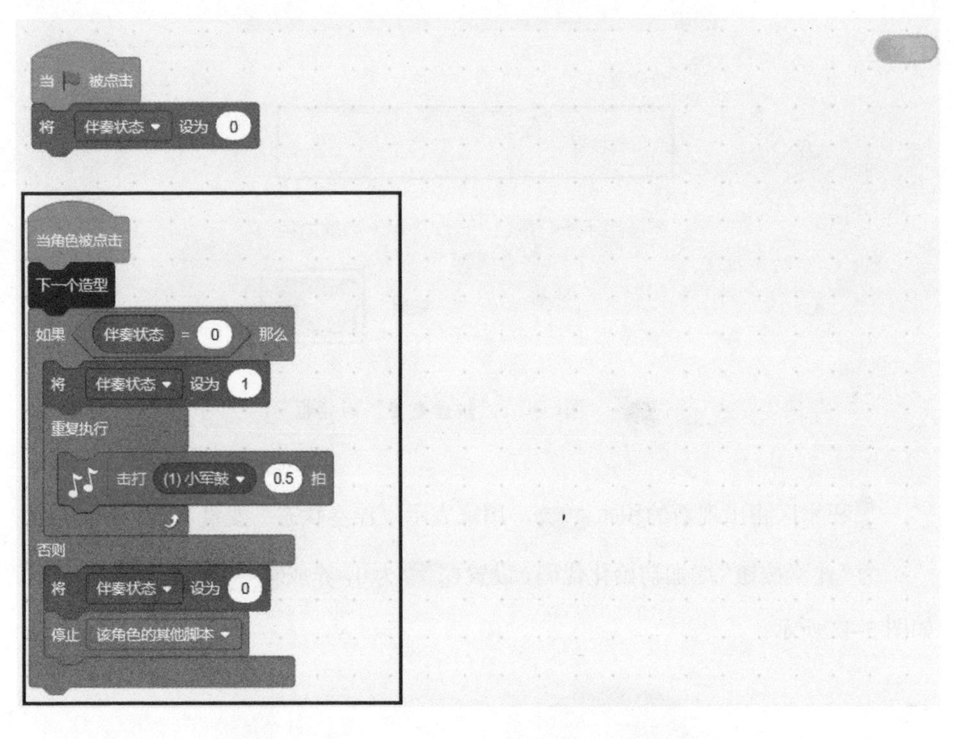

图3-43 “伴奏按钮”被单击后的处理代码

上述代码完成后，我们要立即测试新增代码能否正常工作，养成 ★ 即时验证 的好习惯。

第五步：保存和备份

至此，我们实现了数字钢琴的伴奏功能。在退出之前，要记得 ★ 及时保存与定期备份，单击“文件”菜单中的“保存到电脑”菜单项，将当前项目文件保存为“数字钢琴 -004-伴奏”，如图 3-44 所示。

▸ 本地磁盘 (D:) ▸ other ▸ scratch ▸ 程序 ▸ 002-数字钢琴 ▸

) 工具(T) 帮助(H)

共享 ▾ 新建文件夹

名称	大小	类型
数字钢琴-004-伴奏	779 KB	SB3 文件
数字钢琴-003-显示和弹奏所有音...	777 KB	SB3 文件
数字钢琴-002-显示弹奏的音符	761 KB	SB3 文件
数字钢琴-001-弹奏do	754 KB	SB3 文件

图3-44 “数字钢琴-004-伴奏”项目文件

接下来复制“数字钢琴-004-伴奏”到bk文件夹中做一个备份，如图3-45所示。

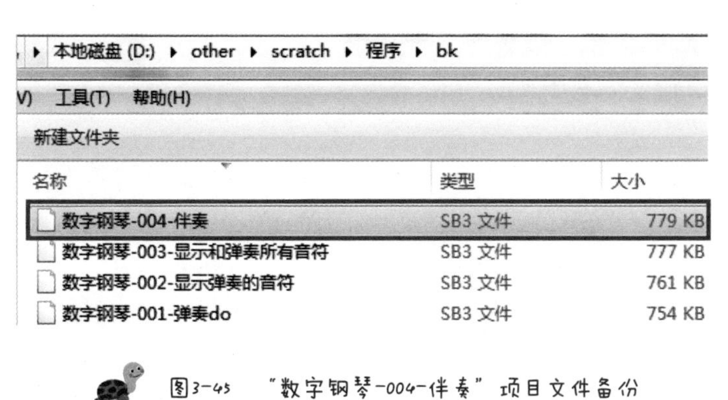

图3-45 “数字钢琴-004-伴奏”项目文件备份

小结

今天我们实现了数字钢琴的伴奏功能。同时我们还进行了★ 先复制再修改、★ 先分析再编程、★ 取名要规范、★ 万事开头初始化、★ 即时验证、★ 及时保存与定期备份的习惯养成练习。这些习惯对编程非常有帮助，我们在后续的项目中还要加强练习。

第4章

项目三：接苹果游戏

4.1 看看我做的接苹果游戏吧

本章介绍用 Scratch 做一个接苹果的游戏，该游戏的主界面如图 4-1 所示。

秋天到了，苹果树上的苹果不断往下掉，我们用鼠标控制碗去接苹果，接到红苹果加 1 分，接到绿苹果扣 10 分，所以我们要尽量多接红苹果，不接绿苹果。游戏限时 30 秒，看谁最后得分最高。

图4-1 接苹果游戏的主界面

这个游戏看似简单，玩起来却很有挑战，有好多玩家在 30 秒内的得分并不高。我们可以扫描二维码看看这个游戏的视频，感受一下这个游戏的难度。

那么我们该如何实现这个好玩的接苹果游戏呢？别着急，在编写代码之前，我们先进行**程序分析**，养成 ★ 先分析再编程 的好习惯。

程序分析要完成以下 3 个任务，并得到具体的结果。

- 找出接苹果游戏有**哪些功能**。
- 找出**最重要的功能**是什么。
- 找出**最难实现的功能**是什么。

我们先看**程序分析**的第一个任务，结合前面的视频思考，可以知道接苹果游戏的主要功能，如图 4-2 所示。

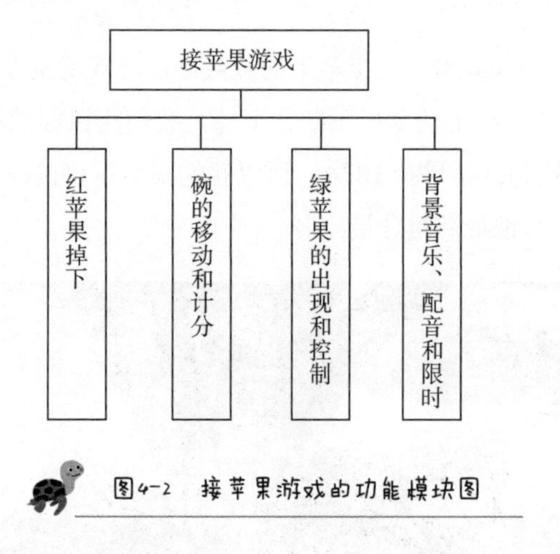

图4-2 接苹果游戏的功能模块图

功能模块说明如下。

- “红苹果掉下”实现红苹果从苹果树不同的位置掉落下来。
- “碗的移动和计分”实现碗能够跟随鼠标指针移动，并且碰到红苹果时总分加 1。
- “绿苹果的出现和控制”实现红苹果出现的同时还间断有绿苹果出现，并控制红苹果出现次数多，绿苹果出现次数少。
- “背景音乐、配音和限时”为游戏添加好听的背景音乐，在碗接到苹果时发出声音，并且限时 30 秒。

我们再看**程序分析**的第二个任务——找出最重要的功能是什么。从上面的功能模块说明中，我们不难得出：**“红苹果掉下”和“碗的移动和计分”是最重要的功能。**因为如果没有这两个功能，游戏就没法玩了；而有这两个功能的话，即使没有其他功能，这个程序依然是一个基本可玩的游戏，只是没有那么好玩和复杂罢了。

我们最后看**程序分析**的第三个任务——找出最难实现的功能是什么。我们可以把每个功能模块的实现在脑海中过一遍：“红苹果掉下”的难点在于让红苹果在不同的位置出现，并掉落下来；“碗的移动和计分”没有难点；“绿苹果的出现和控制”的难点在于如何控制绿苹果出现的次数比红苹果少；“背景音乐、配音和限时”没有难点。因此**“红苹果掉下”和“绿苹果的出现和控制”是最难实现的两个功能。**

综上所述，**“红苹果掉下”**是接苹果游戏最重要且有难度的功能。根据 **★ 紧盯最重要功能** 这个好习惯，我们第一步要实现的就是**“红苹果掉下”**功能。

4.2 第 9 天：让红苹果掉下

今天我们实现“红苹果掉下”的功能，这是最重要和最关键的功能，具体步骤如下。

第一步：新建项目

首先我们新建一个空白项目，并将项目命名为“接苹果 -001- 红苹果掉下”，以养成 **★ 取名要规范** 的习惯，如图 4-3 所示，步骤如下。

双击桌面中的 Scratch Desktop 图标，新建空白项目并命名为“接苹果 -001- 红苹果掉下”，删除默认角色。

图 4-3 “接苹果-001-红苹果掉下”主界面

将“接苹果-001-红苹果掉下”项目文件存储到本地，养成的好习惯，如图4-4所示。

★ 及时保存与定期备份

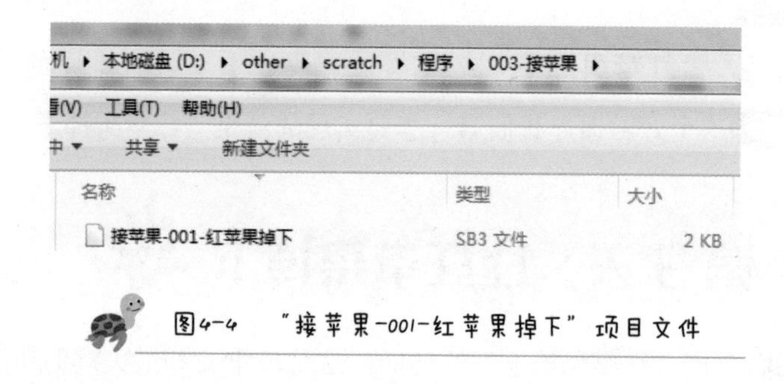

图4-4 “接苹果-001-红苹果掉下”项目文件

艾叔特别提醒

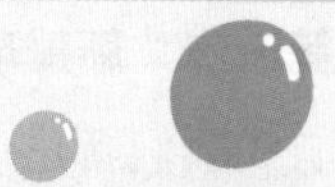

在存储“接苹果-001-红苹果掉下”项目文件之前，我们要先创建文件夹“003-接苹果”。

第二步：加入背景和角色

加入背景库中的Tree背景，如图4-5所示。

图4-5 Tree背景

接下来添加角色库中的 Apple 角色（简称 Apple），如图 4-6 所示。

图4-6 Apple角色

第三步：角色初始化

添加 Apple 的初始化代码，将 Apple 隐藏起来，养成★ 万事开头初始化的好习惯，具体代码如图 4-7 所示。

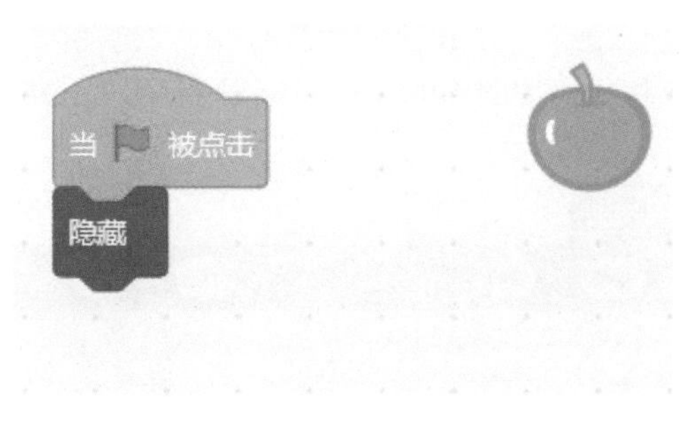

图4-7 Apple初始化代码

第四步：不断生成苹果

苹果是不断地从树上掉下来的，因此我们需要不断生成苹果。我们可以使用控制中的克隆 自己来实现此功能，具体代码如图 4-8 所示。这里我们使用了重复执行，每隔一秒就克隆一个 Apple。

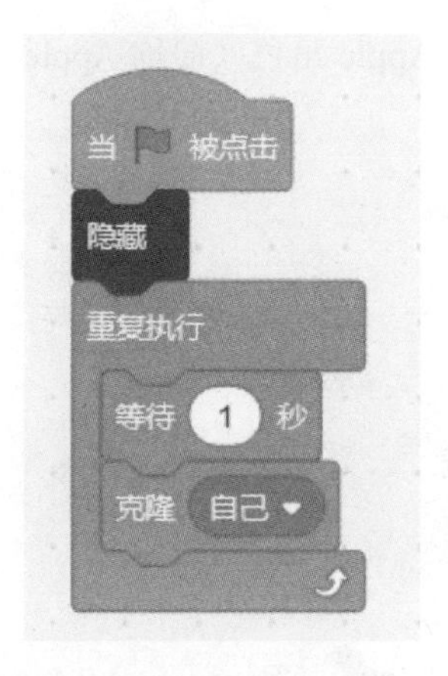

图4-8 Apple克隆代码

第五步：让苹果在不同的位置出现

生成很多苹果后，还要让它们在不同的位置出现，这样才能实现苹果从树上不同位置掉下的效果。我们可以在 当作为克隆体启动时 下加入代码，让每个 Apple 克隆体出现在不同的位置，具体代码如图 4-9 所示。该代码有两个关键点，说明如下。

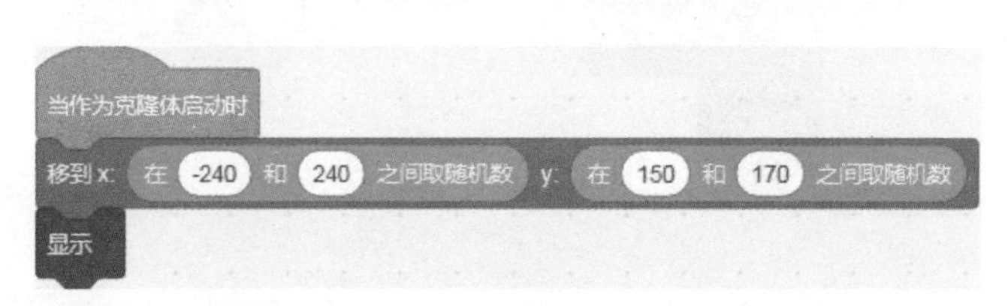

图4-9 Apple克隆体随机位置代码

- 随机位置。所谓随机位置，就是指每个 Apple 克隆体出现的位置不一样。这就好比一个箱子中有各种颜色的球，我们每次伸手抓出来的球的颜色都可能不一样。Scratch 中的位置用（x,y）坐标表示，其中 x 表示水平方向上的位置，它的取值范围是 -240~240；y 表示垂直方向上的位置，它的取值范围是 -180~180。我们使用 在 -240 和 240 之间取随机数 生成 x 的随机值，其取值范围是 -240~240，这就意味着 Apple 克隆体可以在水平方向上的任意位置出现；我们使用 在 150 和 170 之间取随机数 生成 y

的随机值，其取值范围是150~170，这就意味着Apple克隆体只在屏幕的上方出现。这样可以让苹果出现在苹果树上，而不是苹果树下方。

- 显示时机。Apple克隆体必须是移到指定位置后再显示，因为这样就看不出移动的痕迹了，这也是要对Apple进行隐藏初始化的原因。

编写完上述代码后，我们要立即测试代码能否正常工作，养成★即时验证的好习惯。如果我们能看到苹果每隔一秒在屏幕的上方出现，如图4-10所示，则说明代码正确。

图4-10 Apple随机位置显示界面

第六步：实现苹果掉下的效果

我们可以使用「在 1 秒内滑行到x: 85 y: -152」实现苹果的移动，此积木需要我们填入苹果落地位置的 x 和 y 坐标。由于苹果掉落的目标位置是该苹果出现位置的正下方，因此，x 坐标是不变的，y 坐标的取值为 −170，如图4-11所示。我们使用Scratch自带的「x坐标」来表示Apple克隆体的 x 坐标。

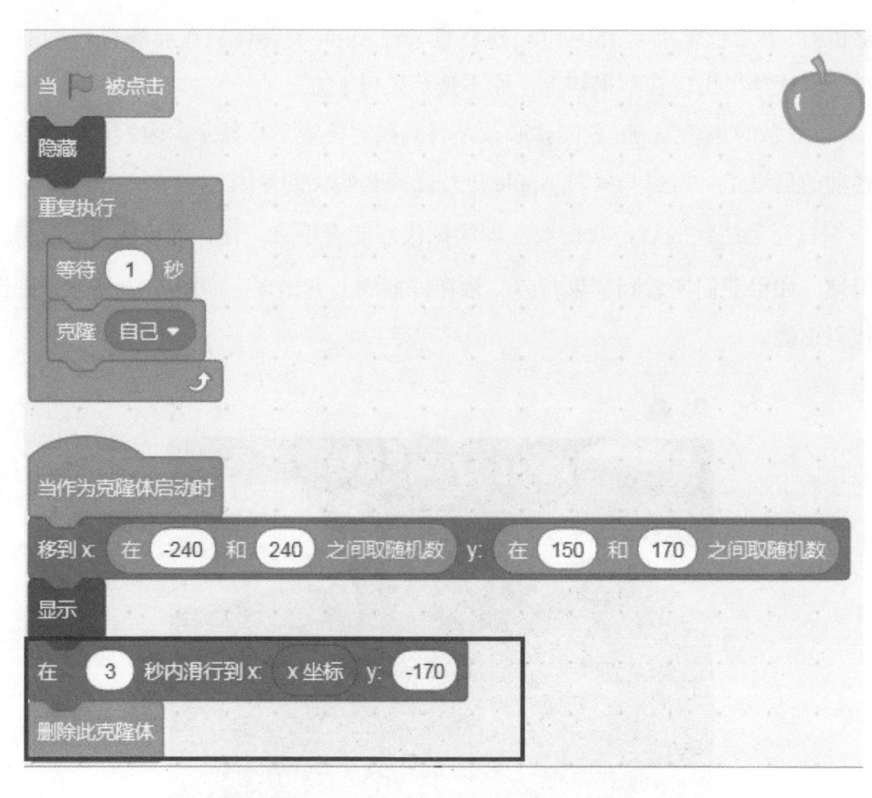

图4-11 Apple克隆体下落代码

艾叔特别提醒

Apple克隆体掉落到目标位置后，一定要删除克隆体，否则Apple克隆体不会消失，并且会占用电脑越来越多的资源，最终导致程序无法正常运行。

第七步：保存和备份

至此，我们实现了红苹果不断生成并掉下的功能。在退出之前，要记得**★ 及时保存与定期备份**，单击“文件”菜单中的“保存到电脑”菜单项，将当前项目文件保存为“接苹果 -001- 红苹果掉下”，如图 4-12 所示。

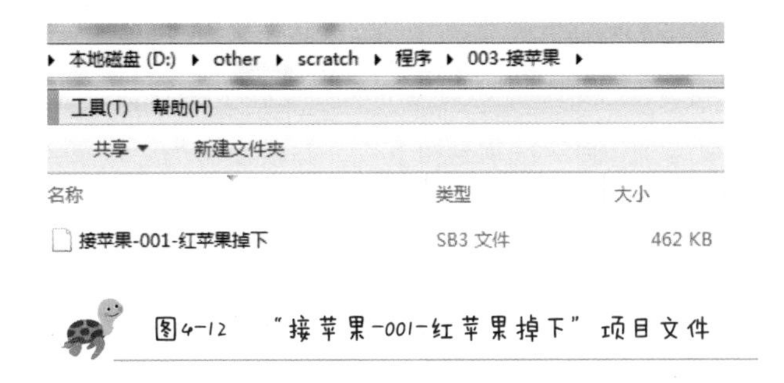

图4-12 “接苹果-001-红苹果掉下”项目文件

接下来将“接苹果-001-红苹果掉下”复制到bk文件夹中做一个备份，如图4-13所示。

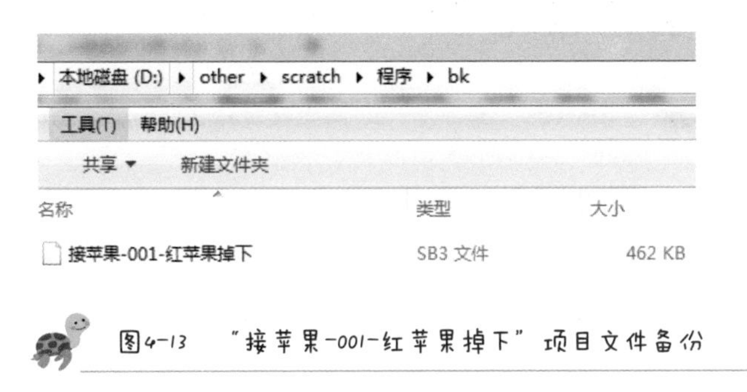

图4-13 “接苹果-001-红苹果掉下”项目文件备份

小结

今天我们创建了“接苹果-001-红苹果掉下”项目文件，添加了角色和背景，并对角色进行了初始化，实现了红苹果不断生成和掉下的功能。我们还进行了 ★先分析再编程、★万事开头初始化、★即时验证、★取名要规范、★及时保存与定期备份 的习惯养成练习。这些习惯对编程非常有帮助，我们在后续的项目中还要加强练习。

4.3 第10天：碗的移动和计分

今天我们实现“碗的移动和计分”功能，这样我们就可以使用碗去接苹果了，步骤如下。

第一步：复制项目文件

我们将在“接苹果 -001- 红苹果掉下”的基础上编写新的代码，在编写之前我们要先复制“接苹果 -001- 红苹果掉下”，并重命名为“接苹果 -002- 碗的移动和计分”，养成★ 先复制再修改的好习惯，如图 4-14 所示。

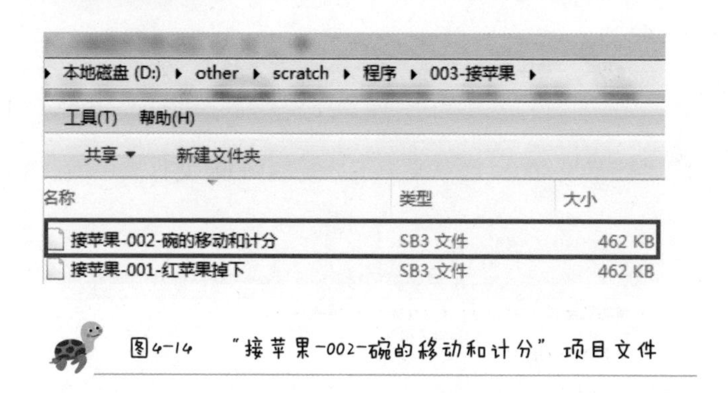

图4-14 “接苹果-002-碗的移动和计分”项目文件

第二步：添加角色

打开“接苹果 -002- 碗的移动和计分”项目文件，并且添加 Bowl 角色（简称 Bowl），如图 4-15 所示。

图4-15 Bowl角色区

第三步：角色初始化

添加 Bowl 的初始化代码，使其出现在固定位置，养成★ 万事开头初始化的好习惯，具体代码如图 4-16 所示。

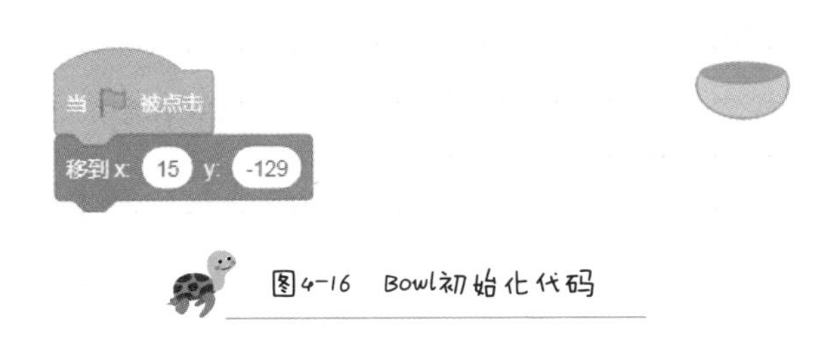

图4-16 Bowl初始化代码

注意：Bowl 的 x 和 y 坐标值来源于 Bowl 角色区中的 x 和 y 坐标值，如图 4-17 所示。

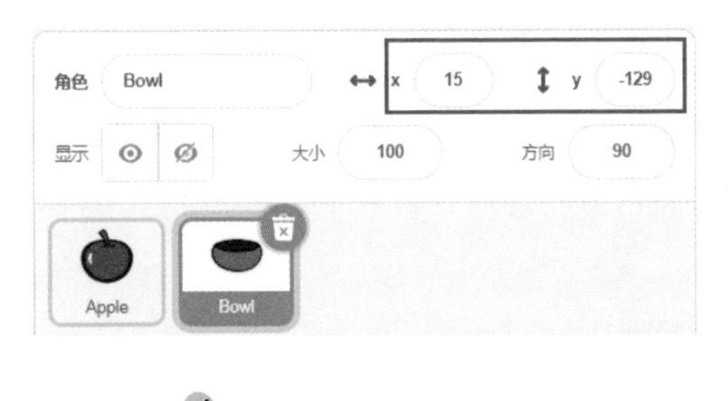

图4-17 Bowl x和y坐标值

第四步：使 Bowl 跟随鼠标指针移动

我们使用[移到 鼠标指针]实现 Bowl 跟随鼠标指针移动。将其放置到[重复执行]下方，从而实现 Bowl 跟随鼠标指针移动，具体代码如图 4-18 所示。

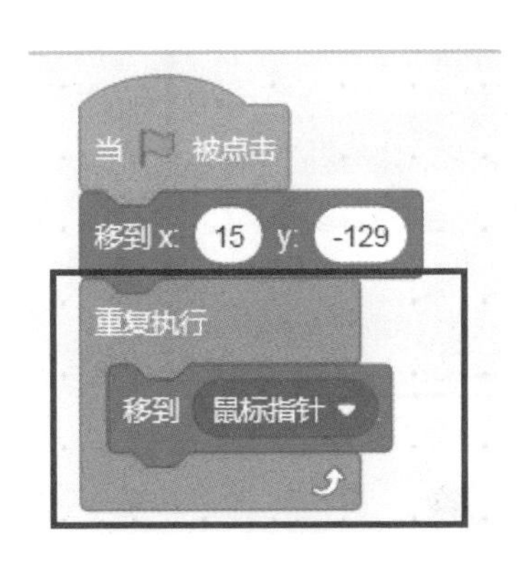

图4-18 Bowl跟随鼠标指针移动代码

第五步：计分

我们在编程之前，要分析计分功能是放置在 Bowl 中，还是放置在 Apple 克隆体中，养成★ 先分析再编程的好习惯，具体分析说明如下。

- 如果计分功能放置在 Bowl 中，我们可以使用 碰到 Apple ? 来判断 Bowl 是否碰到 Apple 克隆体并计分，但无法删除对应的 Apple 克隆体，也就是说 Bowl 在碰到某个 Apple 克隆体后可以计分，但是 Apple 克隆体无法消失。因此，计分功能在 Bowl 中无法实现。

- 如果计分功能放置在 Apple 克隆体中，我们可以使用 碰到 Bowl ? 来判断 Apple 克隆体是否碰到 Bowl 并计分，同时还可以删除 Apple 克隆体。

因此，我们需要将计分功能放置到 Apple 克隆体中，具体代码如图 4-19 所示。

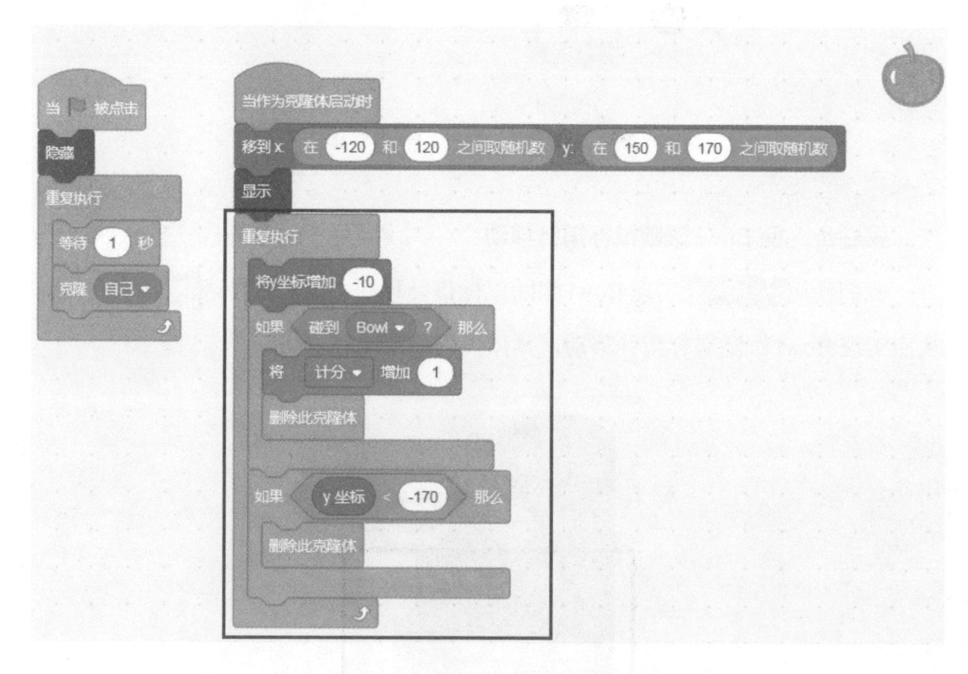

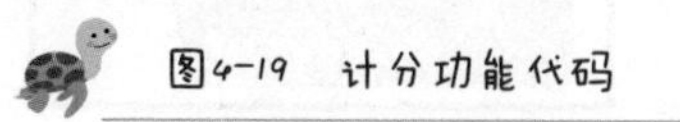
图4-19 计分功能代码

关键代码说明如下。

- 我们去除了 Apple 克隆体原有的苹果下落移动的代码，原因是原有代码无法在移动过程中判断 Apple 克隆体是否碰到了 Bowl。

- 将y坐标增加 -10 表示 Apple 克隆体的 y 坐标减少 10 个像素值，即向下移动 10 个像素。

我们可以通过改变 将y坐标增加 -10 文本框中的数值，来调节 Apple 克隆体下落的速度，数值的绝对值越小，下降速度越慢。

- Apple 克隆体每向下移动 10 个像素，我们就判断 Apple 克隆体是否碰到了 Bowl。如果是，则计分加 1，并删除自身，Apple 克隆体消失；如果不是，则判断 Apple 克隆体的 y 坐标是否超过界限 −170，如果是，则也要删除克隆体，因为此时 Apple 克隆体已经掉落在地上了。

- 我们新建了一个变量用于统计当前所得分数，并将变量命名为“计分”，以养成 ★ 取名要规范 的好习惯，同时在 Bowl 中初始化“计分”变量的值为 0，养成 ★ 万事开头初始化 的好习惯，代码如图 4-20 所示。

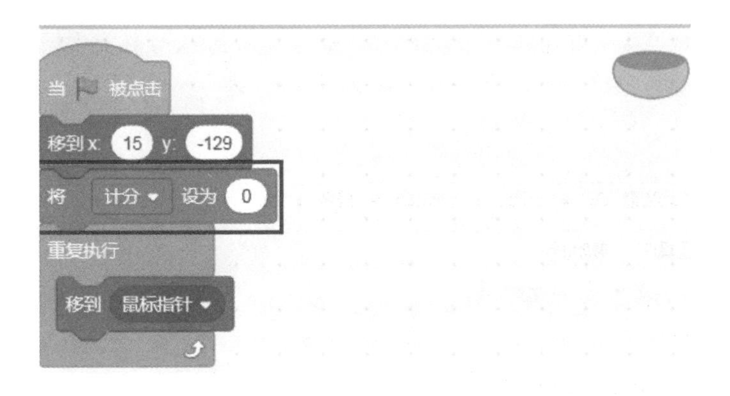

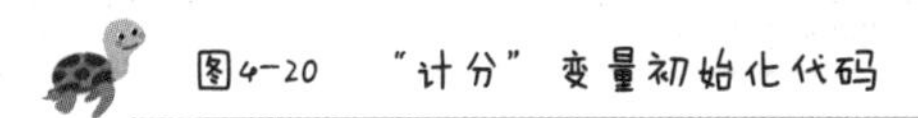
图4-20 “计分”变量初始化代码

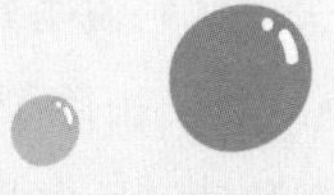

艾叔特别提醒

编写完上述代码后，我们要立即测试代码能否正常工作，养成 ★ 即时验证 的好习惯。

第六步：保存和备份

至此，我们实现了“碗的移动和计分”功能。在退出之前，要记得 ★ 及时保存与定期备份，单击“文件”菜单中的“保存到电脑”菜单项，将当前项目文件保存为“接苹果 -002- 碗的移动和计分”，如图 4-21 所示。

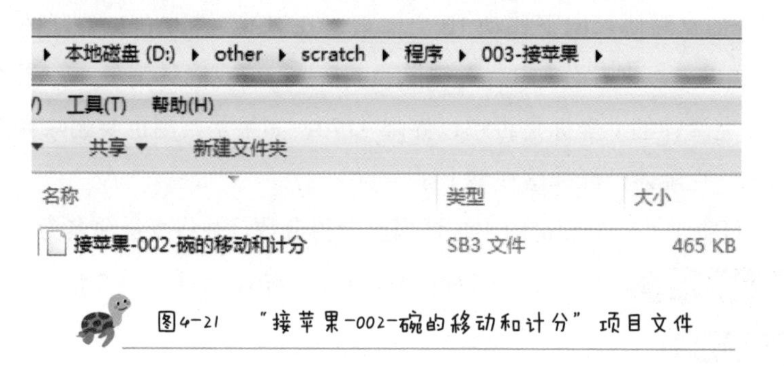

图4-21 “接苹果-002-碗的移动和计分”项目文件

接下来将“接苹果 -002- 碗的移动和计分”复制到 bk 文件夹中做一个备份，如图 4-22 所示。

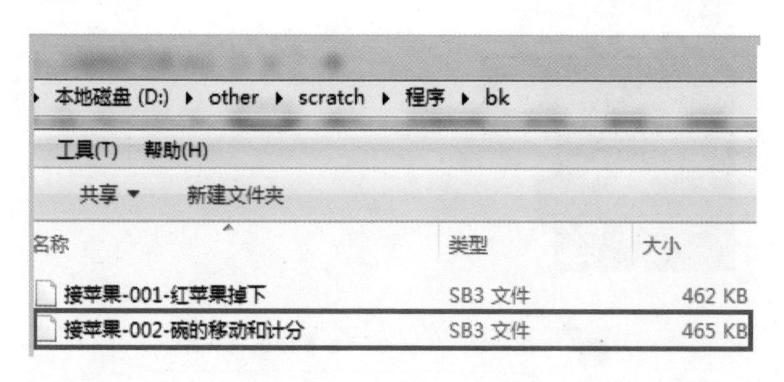

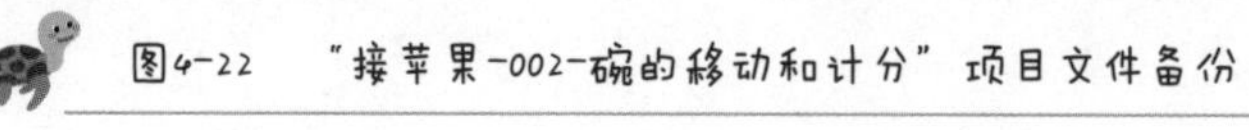
图4-22 “接苹果-002-碗的移动和计分”项目文件备份

小结

今天我们实现了“碗的移动和计分”功能，同时我们还进行了★ 先复制再修改、★ 先分析再编程、★ 万事开头初始化、★ 即时验证、★ 取名要规范、★ 及时保存与定期备份的习惯养成练习。这些习惯对编程非常有帮助，我们在后续的项目中还要加强练习。

4.4 第11天：绿苹果的出现和控制

今天我们实现“绿苹果的出现和控制”功能，步骤如下。

第一步：复制项目文件

我们将在“接苹果 -002- 碗的移动和计分”的基础上编写新的代码，在编写之前我们要先复制“接苹果 -002- 碗的移动和计分”，并重命名为“接苹果 -003- 绿苹果”，养成★ 先复制再修改的好习惯，如图 4-23 所示。

图4-23 “接苹果-003-绿苹果”项目文件

第二步：添加绿苹果造型

打开“接苹果 -003- 绿苹果”项目文件，复制原有造型 Apple，并重命名为 apple-green，并在“矢量图”模式下将造型填充为绿色，如图 4-24 所示，具体操作步骤如下。

- 复制 Apple 造型，如图 4-24 中的 1 所示。

- 将造型 Apple 的名字修改为 apple-red，将复制得到的造型的名字修改为 apple-green，如图 4-24 中的 2 和 3 所示。
- 编辑造型 apple-green，选择绿色填充，在“矢量图”模式下单击苹果的涂色部分，然后单击填充工具，将 apple-green 填充为绿色，如图 4-24 中的 4~7 所示。

图4-24 apple-green造型编辑界面

第三步：重写生成苹果的代码

我们重写生成苹果的代码，使红苹果和绿苹果都可以产生，并且红苹果的数量要比绿苹果多。那么该如何实现呢？我们不要着急编程，而是要先分析清楚这个功能如何实现，养成 ★ 紧盯最重要功能 和 ★ 先分析再编程 的好习惯。

我们可以在 Apple 克隆体生成前，使用 在 1 和 10 之间取随机数 生成一个 1~10 范围内的随机数，并判断该数字的大小。如果随机数比 10 小，就生成红苹果，否则就生成绿苹果。由于在 1~10 中，比 10 小的有 9 个数字，不比 10 小的有 1 个数字，这样就实现了大部分情况下生成红苹果，少数情况下生成绿苹果的功能。我们按照此思路重写的代码如图 4-25 所示。

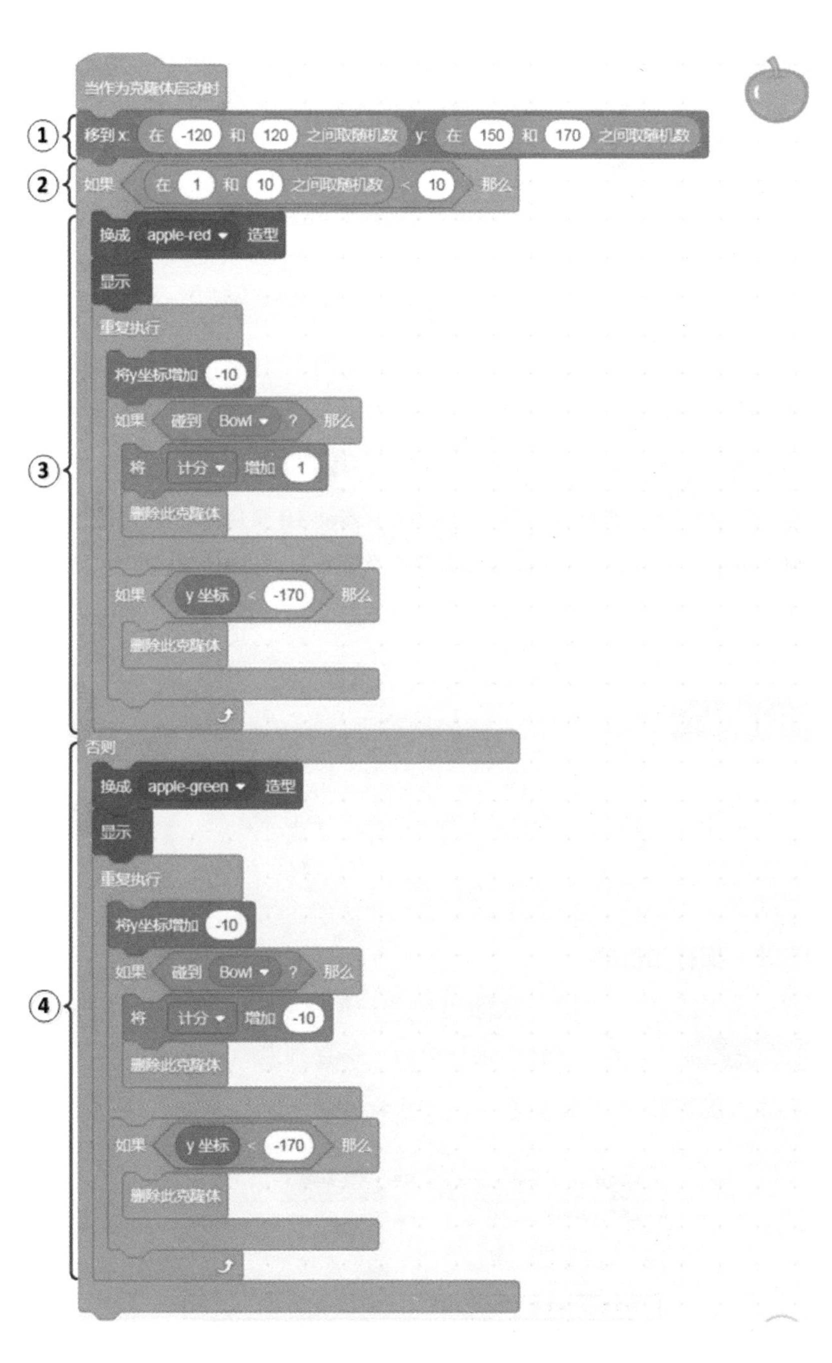
当作为克隆体启动时
①
移到x: 在 -120 和 120 之间取随机数 y: 在 150 和 170 之间取随机数
②
如果 在 1 和 10 之间取随机数 < 10 那么
③
换成 apple-red 造型
显示
重复执行
将y坐标增加 -10
如果 碰到 Bowl ? 那么
将 计分 增加 1
删除此克隆体
如果 y坐标 < -170 那么
删除此克隆体
否则
④
换成 apple-green 造型
显示
重复执行
将y坐标增加 -10
如果 碰到 Bowl ? 那么
将 计分 增加 -10
删除此克隆体
如果 y坐标 < -170 那么
删除此克隆体

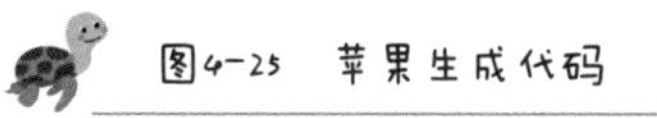
图4-25 苹果生成代码

苹果生成代码分为 4 个部分，描述如下。

- 第一部分是位置代码，不管是红苹果还是绿苹果，都需要在随机位置出现，因此这部分代码是公共的。
- 第二部分是生成红、绿苹果的代码，通过判断随机数是否比 10 小来确定是生成红苹果还是绿苹果。
- 第三部分是红苹果处理代码，首先使用 换成 apple-red ▾ 造型 切换成红苹果造型，然后再显示出来。接下来红苹果克隆体每向下移动 10 个像素，就进行一次判断，如果碰到Bowl则加1分并删除该红苹果克隆体，如果到达底部就删除该红苹果克隆体。
- 第四部分是绿苹果处理代码，首先使用 换成 apple-green ▾ 造型 切换成绿苹果造型，然后再显示出来。接下来绿苹果克隆体每向下移动 10 个像素，就进行一次判断，如果碰到 Bowl 则减 10 分并删除该绿苹果克隆体，如果到达底部就删除该绿苹果克隆体。

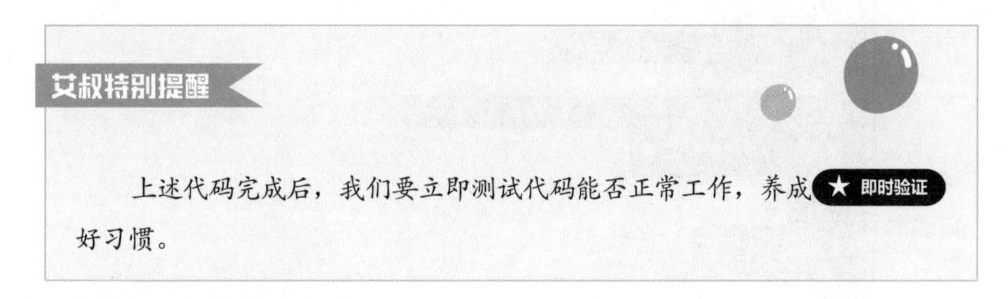
艾叔特别提醒

上述代码完成后，我们要立即测试代码能否正常工作，养成 ★ 即时验证 好习惯。

第四步：保存和备份

至此，我们实现了“绿苹果的出现和控制”功能。在退出之前，要记得 ★ 及时保存与定期备份，单击“文件”菜单中的“保存到电脑”菜单项，将当前项目文件保存为“接苹果 -003- 绿苹果”，如图 4-26 所示。

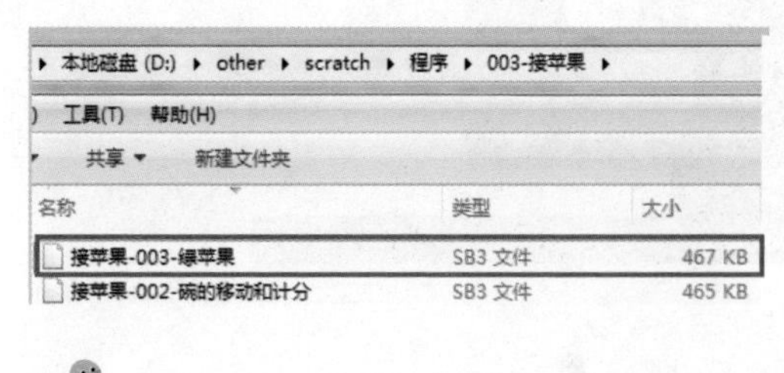

图4-26 “接苹果-003-绿苹果”项目文件

接下来将“接苹果 -003- 绿苹果”复制到 bk 文件夹中做一个备份，如图 4-27 所示。

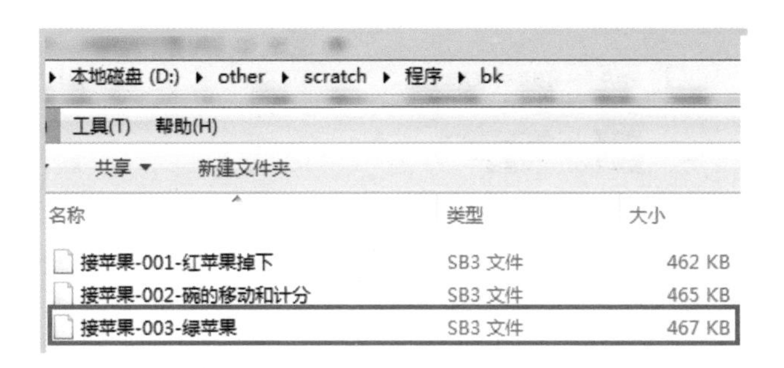

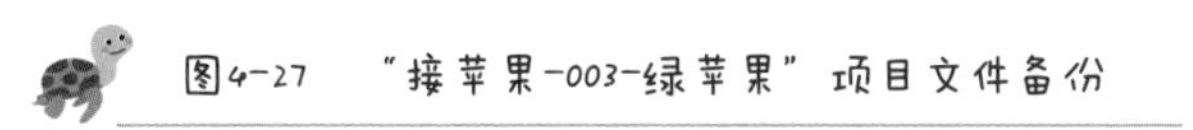
图4-27 “接苹果-003-绿苹果”项目文件备份

小结

今天我们实现了“绿苹果的出现和控制”功能，同时我们还进行了 ★ 先复制再修改、★ 紧盯最重要功能、★ 先分析再编程、★ 万事开头初始化、★ 即时验证、★ 取名要规范、★ 及时保存与定期备份 的习惯养成练习。这些习惯对编程非常有帮助，我们在后续的项目中还要加强练习。

4.5 第 12 天：背景音乐、配音和限时

今天我们为游戏增加背景音乐和碗接到苹果时的配音，丰富游戏的效果，最后再加上限时功能。

第一步：复制项目文件

我们将在“接苹果 -003- 绿苹果”的基础上编写新的代码，在编写之前我们要先复制“接苹果 -003- 绿苹果”，并重命名为“接苹果 -004- 背景音乐、配音和限时”，养成 ★ 先复制再修改 的好习惯，如图 4-28 所示。

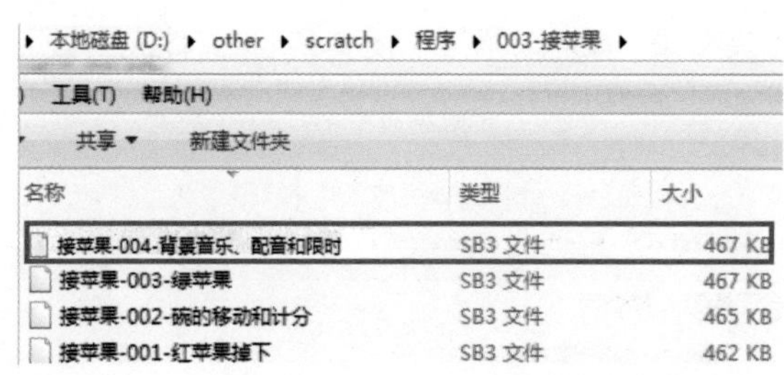

图4-28 “接苹果-004-背景音乐、配音和限时”项目文件

第二步：增加背景音乐

打开“接苹果-004-背景音乐、配音和限时”项目文件，在音乐库中搜索xylo2，然后双击Xylo2图标，如图4-29所示。

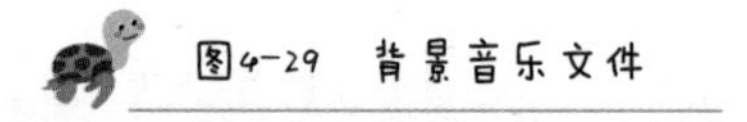
图4-29 背景音乐文件

增加播放背景音乐的代码，如图4-30所示。

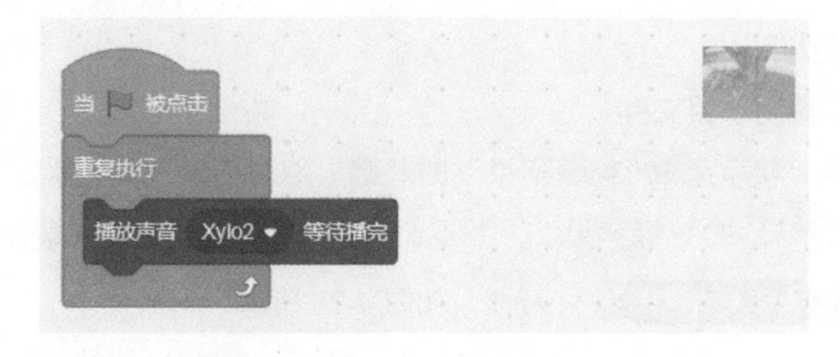

图4-30 背景音乐播放代码

第三步：增加配音

我们在 Apple 的声音选项卡中增加碗接到苹果时的配音，如图 4-31 所示，其中 Wand 文件用于添加碗接到红苹果后发出的声音，Ricochet 文件用于添加碗接到绿苹果后发出的声音。

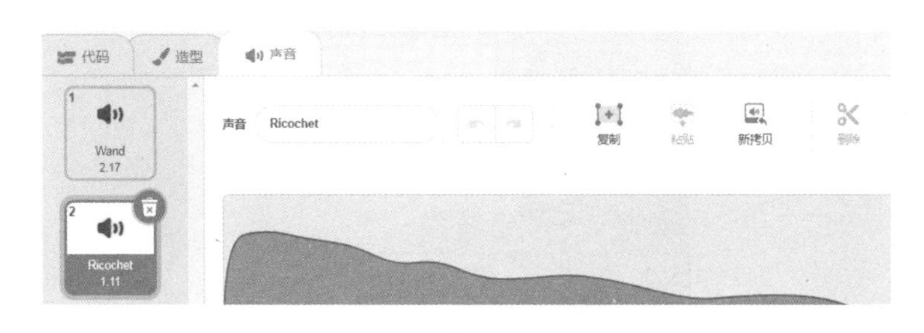

图4-31 配音文件

艾叔特别提醒

每个配音文件我们都要听一下，养成★ 即时验证好习惯。

修改配音文件的名称，Wand 文件修改为“红苹果配音”，Ricochet 文件修改为“绿苹果配音”，如图 4-32 所示。这样我们在代码中就可以清楚每个声音文件的作用了，养成★ 取名要规范的好习惯。

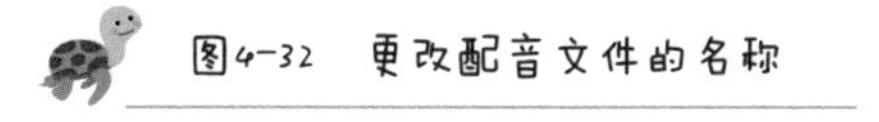
图4-32 更改配音文件的名称

在红苹果碰到碗的代码下方插入播放红苹果配音的代码，如图 4-33 所示。

图4-33 红苹果配音播放代码

在绿苹果碰到碗的代码下方插入播放绿苹果配音的代码，如图 4-34 所示。

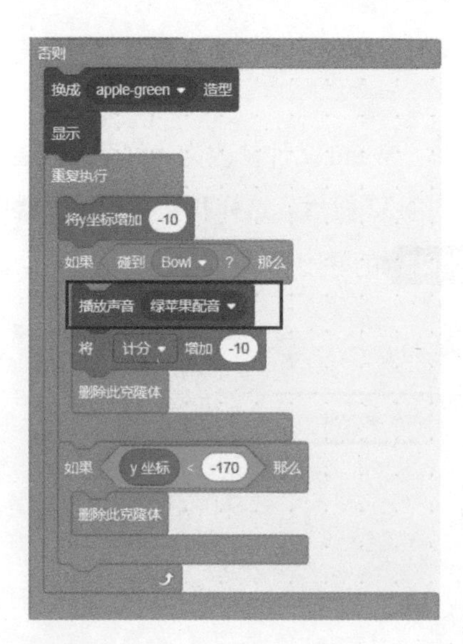

图4-34 绿苹果配音播放代码

第四步：增加限时功能

首先在背景的声音选项卡中增加结束时播放的声音文件 Dun Dun Dunnn，然后连续单击 响一点，将播放音量调至最大，如图 4-35 所示。

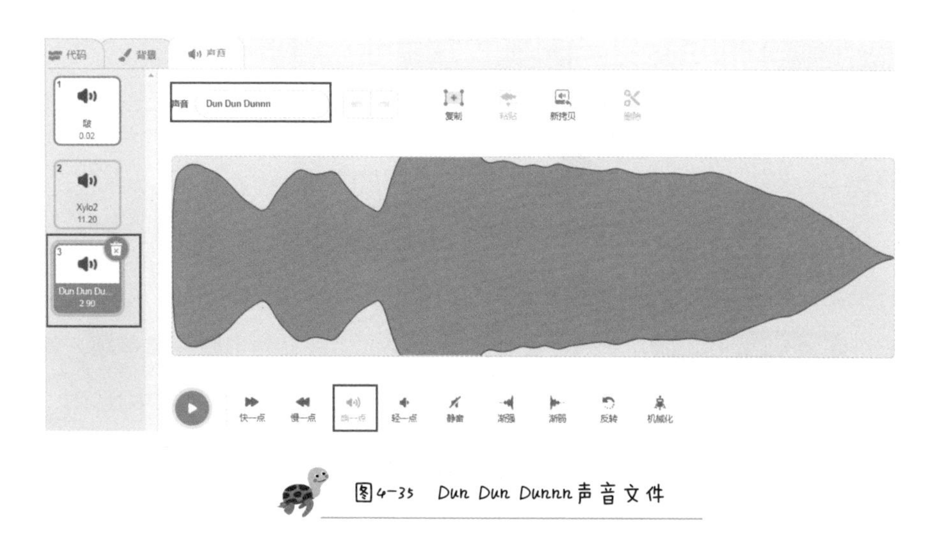

图 4-35 Dun Dun Dunnn 声音文件

我们将 Dun Dun Dunnn 文件的名称修改成“结束声音”，如图 4-36 所示。

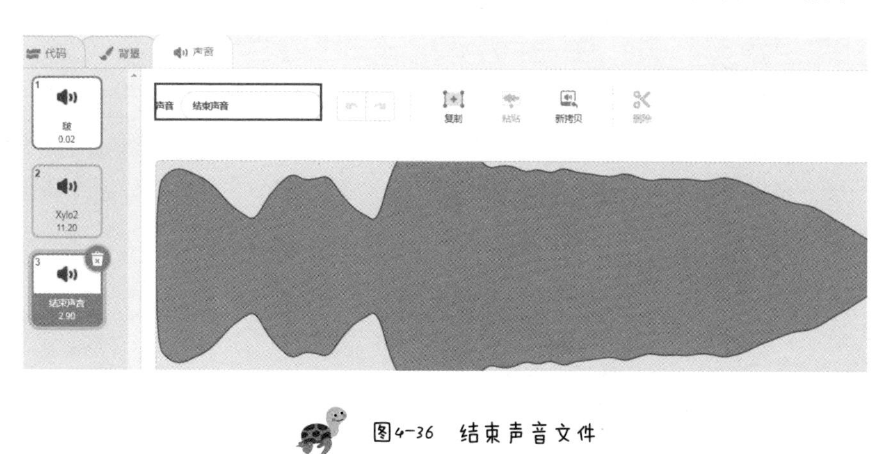

图 4-36 结束声音文件

在背景的代码选项卡中增加限时代码，如图 4-37 所示，等待 30 秒后播放结束声音，然后停止所有脚本。

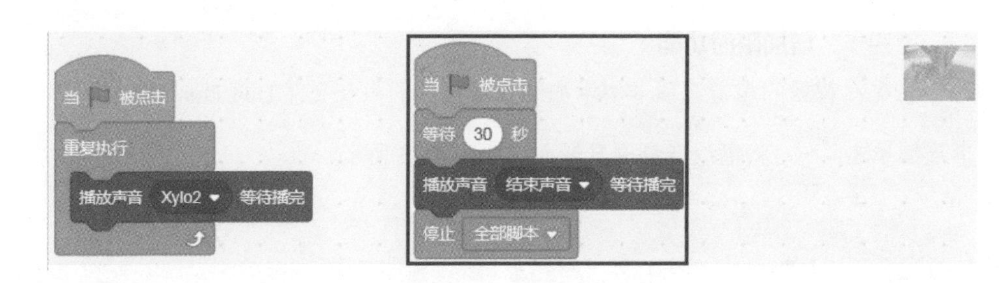

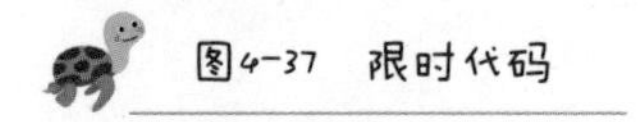
图4-37 限时代码

第五步：保存和备份

至此，我们为游戏增加了背景音乐和配音，并增加了限时功能。在退出之前，要记得★ 及时保存与定期备份，单击“文件”菜单中的“保存到电脑”菜单项，将当前项目文件保存为“接苹果 -004- 背景音乐、配音和限时”，如图 4-38 所示。

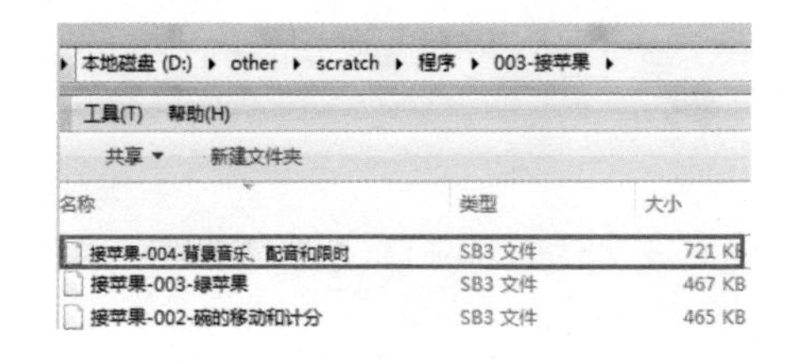

图4-38 “接苹果-004-背景音乐、配音和限时”项目文件

接下来将“接苹果 -004- 背景音乐和配音”复制到 bk 文件夹中做一个备份，如图 4-39 所示。

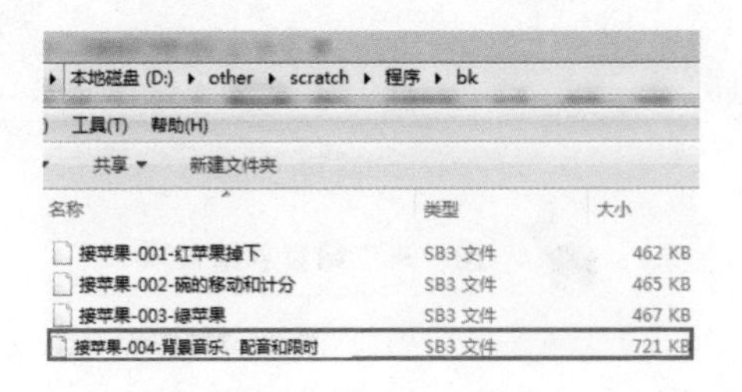

图4-39 “接苹果-004-背景音乐、配音和限时”项目文件备份

小结

今天我们为游戏增加了背景音乐和配音，并增加了限时功能，同时我们还进行了★ 先复制再修改、★ 即时验证、★ 取名要规范、★ 及时保存与定期备份的习惯养成练习。这些习惯对编程非常有帮助，我们在后续的项目中还要加强练习。

第5章

项目四：吃小鱼体感互动游戏

5.1 看看我做的吃小鱼体感互动游戏吧

本章用 Scratch 做一个吃小鱼体感互动游戏（简称吃小鱼游戏）。这是一个与众不同的游戏，游戏会利用电脑的摄像头捕捉我们的肢体动作，从而控制河豚跟随身体的移动去吃小鱼，如图 5-1 所示。

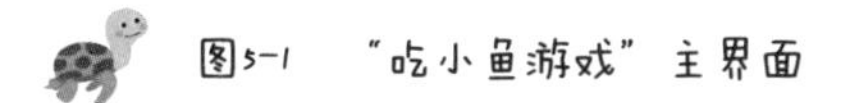

图5-1 “吃小鱼游戏”主界面

这个游戏和我们前面制作的游戏都不同，我们不用键盘也不用鼠标，只需要在电脑的摄像头前做动作就可以进行游戏，非常好玩，而且还能锻炼身体。让我们赶紧扫描二维码来看一看该游戏吧！

那么我们该如何实现这个好玩的吃小鱼游戏呢？别着急，我们在编写代码之前，先进行**程序分析**，养成 ★ 先分析再编程 的好习惯。

程序分析要完成以下 3 个任务，并得到具体的结果。

- 找出游戏有**哪些功能**。
- 找出**最重要的功能**是什么。
- 找出**最难实现的功能**是什么。

我们先看**程序分析**的第一个任务，结合前面的视频思考，可以知道吃小鱼游戏的主要功能，如图 5-2 所示。

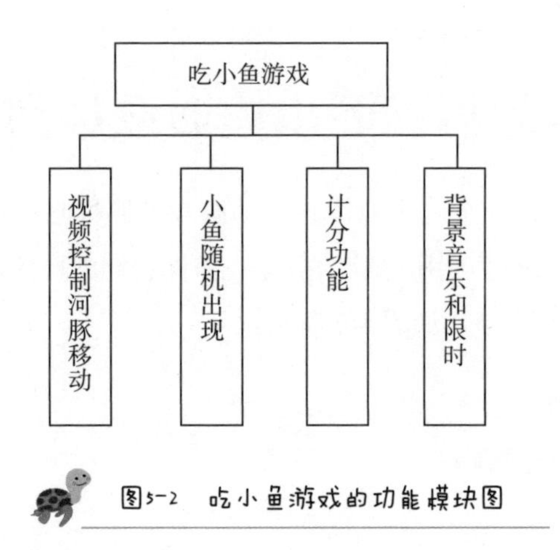

图5-2　吃小鱼游戏的功能模块图

功能模块说明如下。

- “视频控制河豚移动”实现河豚角色随着视频中人的移动而移动。
- “小鱼随机出现”实现小鱼出现在舞台区的随机位置。
- “计分功能”实现河豚角色碰到小鱼时加 1 分。
- “背景音乐和限时”为游戏添加好听的背景音乐，并且让河豚角色在碰到小鱼时发出声音，还会限定游戏时长，默认为 30 秒，超过时限即停止游戏。

我们再看**程序分析**的第二个任务——找出最重要的功能是什么。从上面的功能模块说明中可以得出，**“视频控制河豚移动”**是最重要的功能。

最后我们看**程序分析**的第三个任务——找出最难实现的功能是什么。显然，**“视频控制河豚移动”**是最难实现的功能。

综上所述，**“视频控制河豚移动”**是游戏中最重要且有难度的功能，根据**★ 紧盯最重要功能**习惯，我们第一步要实现的就是“**视频控制河豚移动**”功能。

5.2 第 13 天：用视频控制河豚移动

今天我们实现“视频控制河豚移动”功能，这是最重要且最关键的功能，具体步骤如下。

第一步：新建项目

首先我们新建一个空白项目，并将项目命名为“吃小鱼 - 体感互动 -001- 视频控制河豚移动”，以养成★ 取名要规范的习惯，如图 5-3 所示，步骤如下。

双击桌面中的 Scratch Desktop 图标，新建空白项目并命名为“吃小鱼 - 体感互动 -001- 视频控制河豚移动”，删除默认角色。

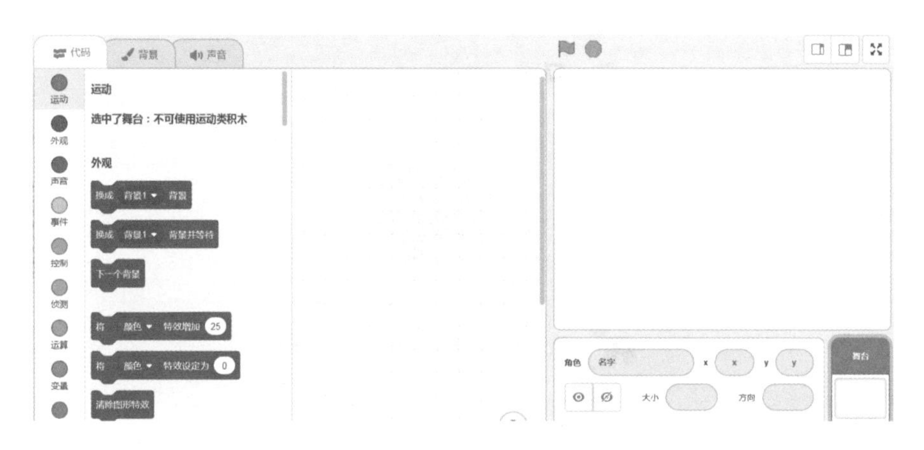

图5-3 “吃小鱼-体感互动-001-视频控制河豚移动”主界面

将“吃小鱼 - 体感互动 -001- 视频控制河豚移动”项目文件存储到本地，养成★ 及时保存与定期备份的好习惯，如图 5-4 所示。

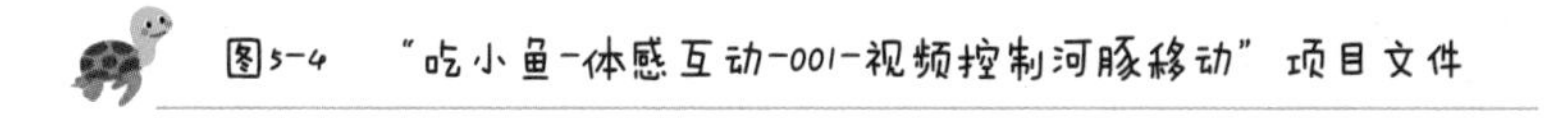
图5-4 “吃小鱼-体感互动-001-视频控制河豚移动”项目文件

艾叔特别提醒

我们在存储“吃小鱼-体感互动-001-视频控制河豚移动”项目文件之前，要先创建文件夹“004-吃小鱼-视频侦测”。

第二步：**加入角色**

接下来添加角色库中的 Pufferfish（河豚）角色（简称 Pufferfish），并在造型选项卡中对 Pufferfish-a 造型进行填充，使该造型在游戏中更加醒目，如图 5-5 所示。

图5-5　填充后的Pufferfish-a

在角色区修改 Pufferfish 的 x 和 y 值为 0，如图 5-6 中的 1 所示，修改“大小”为 80，如图 5-6 中的 2 所示。

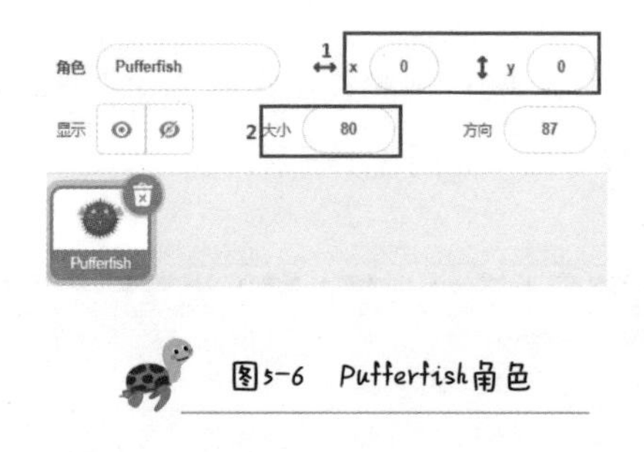

图5-6　Pufferfish角色

为 Pufferfish 增加初始化代码，以固定其初始位置，如图 5-7 所示，养成 ★ 万事开头初始化 的好习惯。

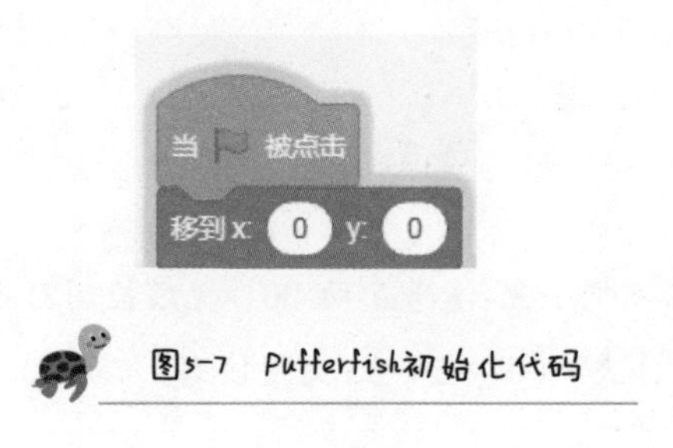

图5-7　Pufferfish初始化代码

第三步：加入“视频侦测”扩展

首先单击，然后单击扩展工具界面的“视频侦测”图标，如图5-8所示。

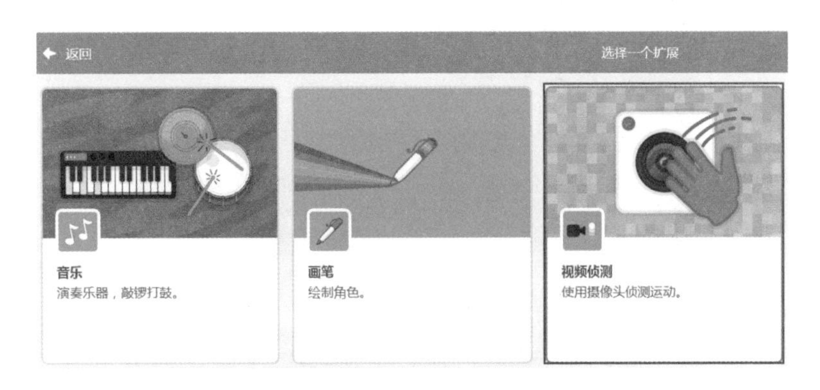

图5-8 扩展工具界面

积木分类区将出现图标，对应的积木会显示在积木区，如图5-9所示。

第四步：加入视频控制代码

为Pufferfish加入视频控制代码，如图5-10所示，该段代码的作用是通过摄像头捕捉我们身体的动作，然后驱动Pufferfish跟随身体移动。

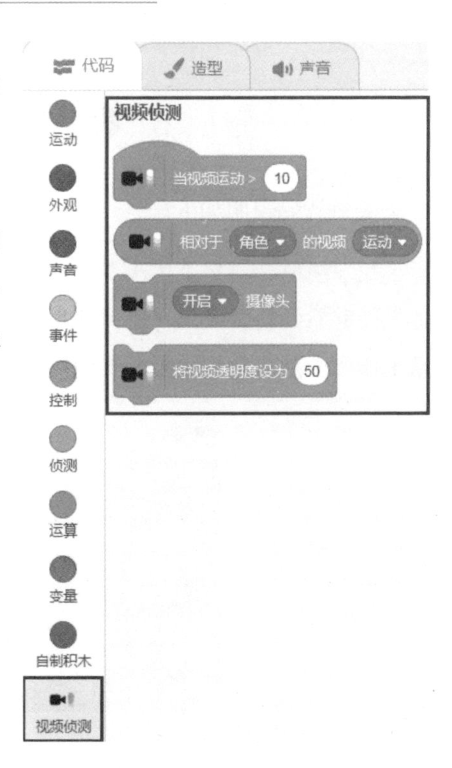

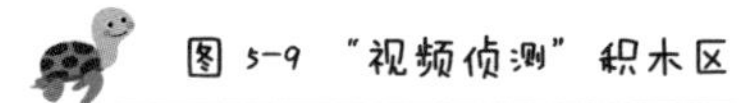
图5-9 “视频侦测”积木区

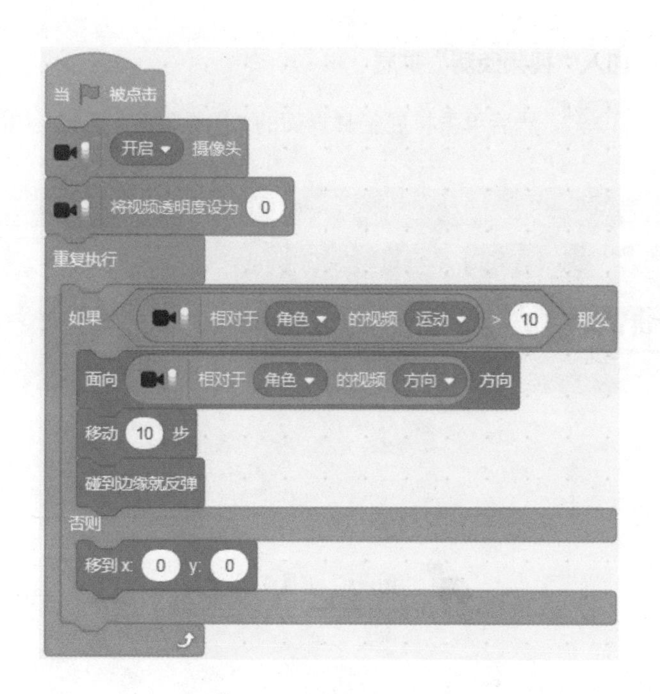

图5-10　视频控制代码

关键代码说明如下。

- 开启 摄像头 积木用于开启电脑的摄像头。我们在代码编辑区单击该积木，如果能够看到舞台区出现摄像头所捕捉的画面，如图5-11所示，则说明摄像头正常工作；否则要查找原因，直到摄像头正常工作后才能继续进行下面的步骤。

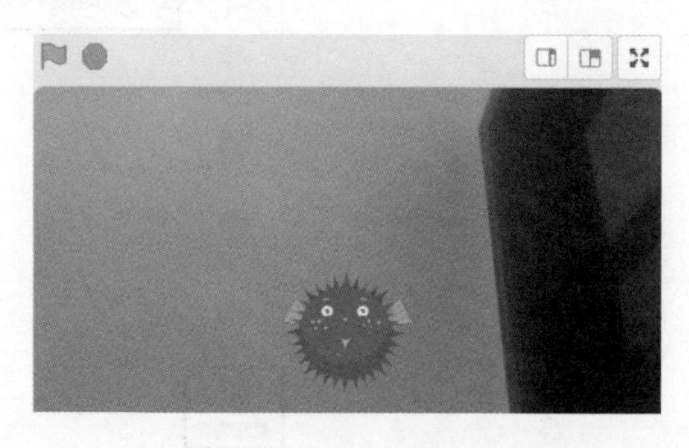

图5-11　摄像头捕捉的画面

- 将视频透明度设为 50 积木用于设置视频的透明度，范围为 0~100，0 表示完全显示视频图像，100 表示不显示视频图像。因此，当我们将其设置为 100 时，舞台区的画面如图 5-12 所示，即完全不显示视频图像。

图5-12 视频透明度为100时的画面

- 相对于 角色 的视频 运动 积木用于获取视频（角色区的视频）相对于角色的变化程度，范围为 0~100，数字越大表示变化程度越大，从而说明该角色上有新图像（新物体）。因此，我们在程序中判断，当变化程度超过 10 时，就表明身体已经和角色重合，从而触发角色移动。
- 相对于 角色 的视频 方向 积木用于获取视频（角色区视频的变化部分）相对于角色的方向，角色朝该方向移动，从而实现 Pufferfish 跟随身体移动。
- 移到 x: 0 y: 0 积木用于将 Pufferfish 移到初始位置，很多时候我们在移动过程中会失去对 Pufferfish 的控制，使用该积木，Pufferfish 将自动回到初始位置，便于我们重新控制它移动。

艾叔特别提醒

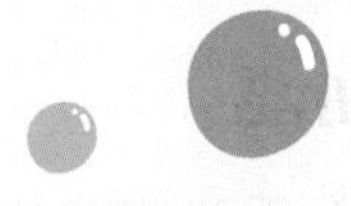

我们可以单击绿旗并尝试使用头部来控制Pufferfish移动，看看代码是否正常工作，从而养成★即时验证好习惯。

第五步：保存和备份

至此，我们实现了游戏中最重要和最关键的“视频控制河豚移动”功能。在退出之前，我们要记得★及时保存与定期备份，单击“文件”菜单中的“保存到电脑”菜单项，将当前项目文件保存为“吃小鱼 - 体感互动 -001- 视频控制河豚移动”，如图 5-13 所示。

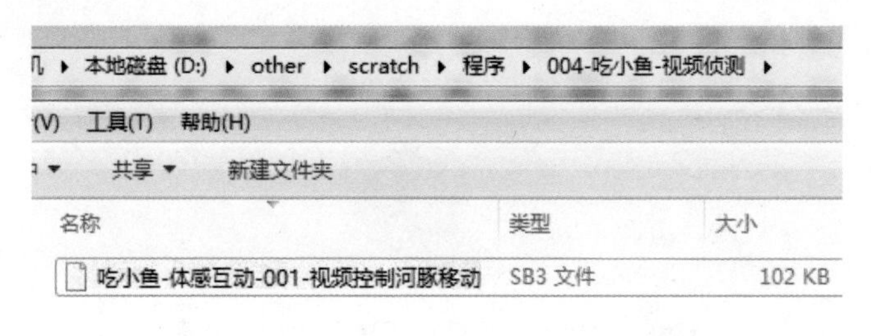

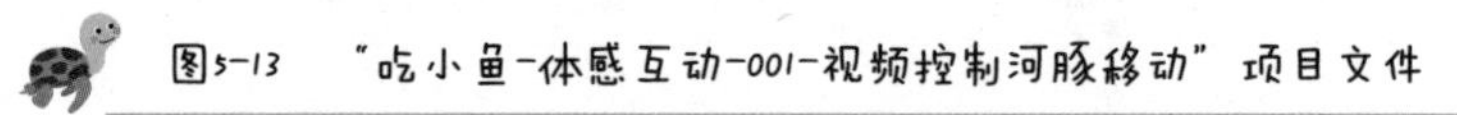
图5-13 “吃小鱼-体感互动-001-视频控制河豚移动”项目文件

接下来将“吃小鱼 - 体感互动 -001- 视频控制河豚移动”复制到 bk 文件夹中做一个备份，如图 5-14 所示。

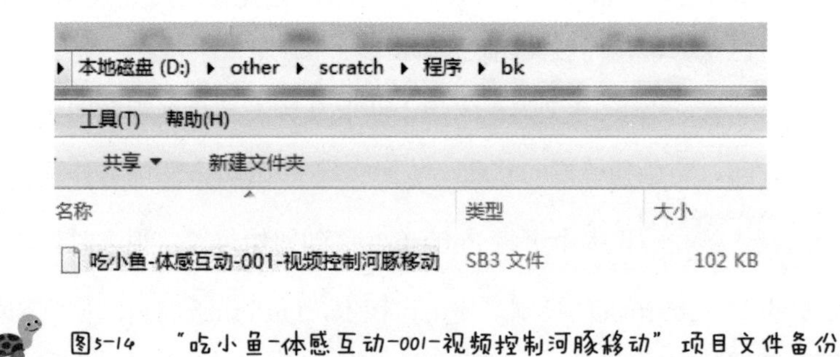

图5-14 “吃小鱼-体感互动-001-视频控制河豚移动”项目文件备份

小结

今天我们实现了“视频控制河豚移动”功能，同时我们还进行了★万事开头初始化、★取名要规范、★即时验证、★及时保存与定期备份的习惯养成练习。这些习惯对编程非常有帮助，我们在后续的项目中还要加强练习。

5.3 第14天：小鱼随机出现和计分

今天我们实现“小鱼随机出现和计分”功能，步骤如下。

第一步：复制项目文件

我们将在“吃小鱼 - 体感互动 -001- 视频控制河豚移动”的基础上编写新的代码，在编写之前我们要先复制“吃小鱼 - 体感互动 -001- 视频控制河豚移动”，并重命名为“吃小鱼 - 体感互动 -002- 小鱼随机出现和计分”，养成 ★ 先复制再修改 的好习惯，如图 5-15 所示。

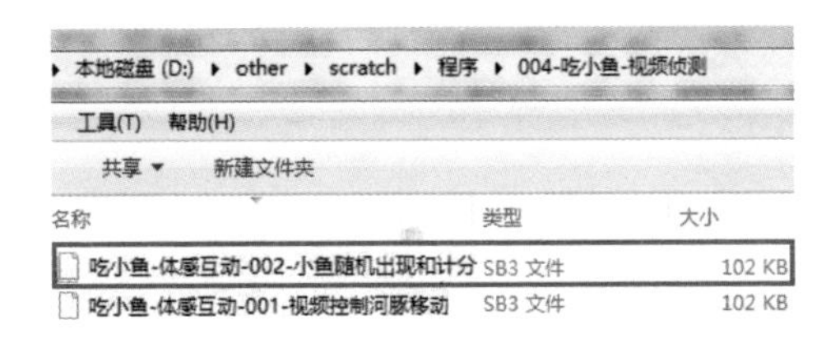

图5-15 “吃小鱼-体感互动-002-小鱼随机出现和计分”项目文件

第二步：添加角色

打开“吃小鱼 - 体感互动 -002- 小鱼随机出现”项目文件，添加 Fish（小鱼）角色（简称 Fish），修改 *x* 和 *y* 值为 0，修改“大小”为 45，如图 5-16 所示。

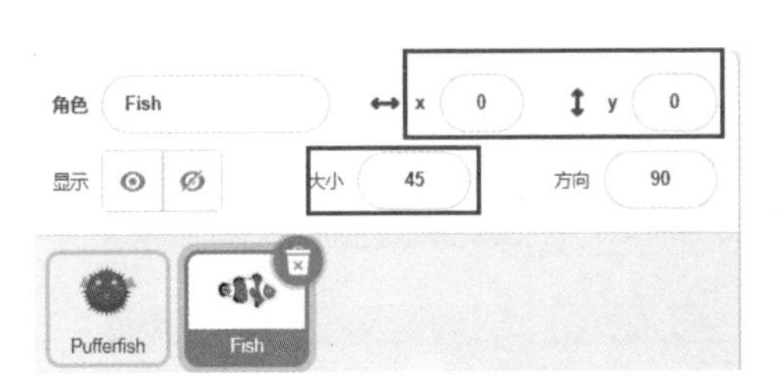

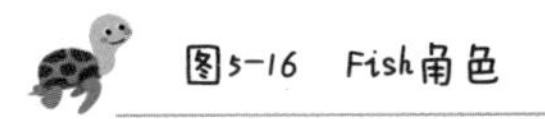
图5-16 Fish角色

第三步：Fish 初始化

为 Fish 添加初始化代码，如图 5-17 所示，养成 ★ 万事开头初始化 的好习惯。

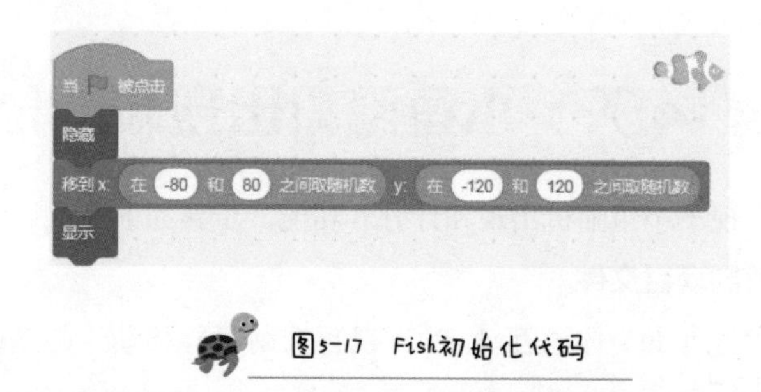

图5-17 Fish初始化代码

在图 5-17 所示的代码中，我们使用了 在 1 和 10 之间取随机数 为 x 和 y 坐标生成随机数，并控制 x 的取值范围为 -80~80，y 的取值范围为 -120~120，以保证 Fish 不会出现在舞台区的边缘区域。

第四步：计分

我们在 Pufferfish 的代码编辑区中实现计分功能，如图 5-18 所示。

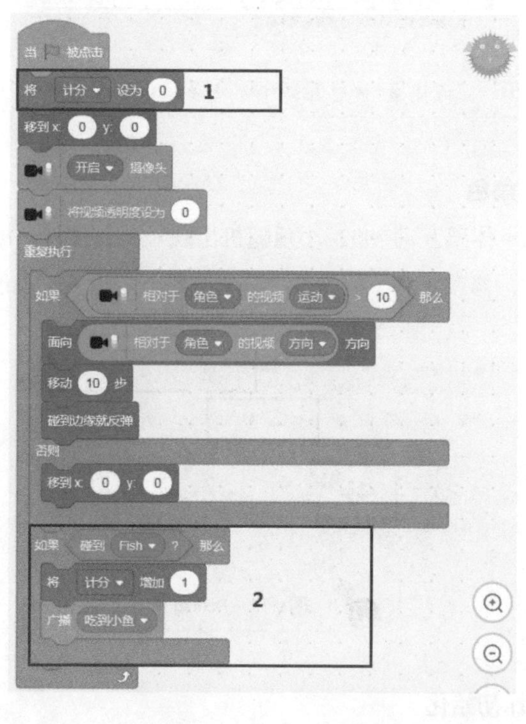

图5-18 计分代码

计分功能的实现代码如图5-18中的1和2所示，我们创建了一个名字为“计分”的变量，用于存储当前得分，该变量的初始值为0。我们在图5-18所示的1中进行了初始化，以养成★ 万事开头初始化的好习惯。接下来我们在Pufferfish的移动过程中持续判断其是否碰到了Fish，如图5-18中的2所示，如果碰到则计分加1，并且广播一条“吃到小鱼”的消息，该消息也需要我们手动创建。

接下来，我们需要为Fish编写“吃到小鱼”的响应代码。当Fish接收到“吃到小鱼”消息后，它将切换造型生成一条新的小鱼，并出现在新的随机位置，如图5-19所示。

艾叔特别提醒

我们要规范命名所有的变量名和消息名，不能使用默认的名字，以养成★ 取名要规范的好习惯。

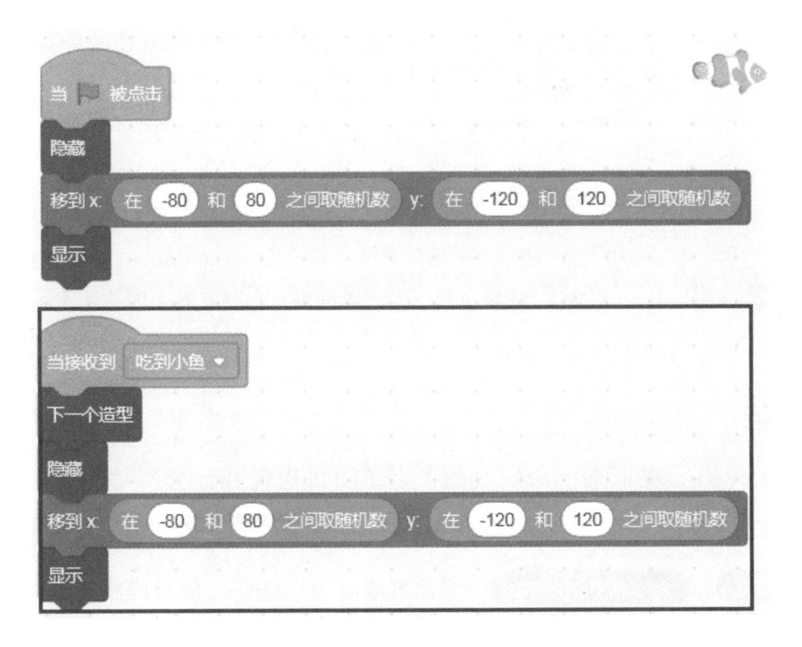

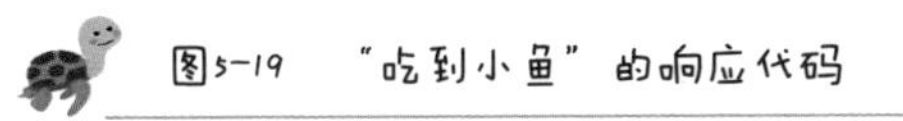
图5-19 “吃到小鱼”的响应代码

第五步：保存和备份

至此，我们实现了“小鱼随机出现和计分”功能。在退出之前，要记得★ 及时保存与定期备份，单击“文件”菜单中的“保存到电脑”菜单项，将当前项目文件保存为“吃小鱼 - 体感互动 -002- 小鱼随机出现和计分”，如图 5-20 所示。

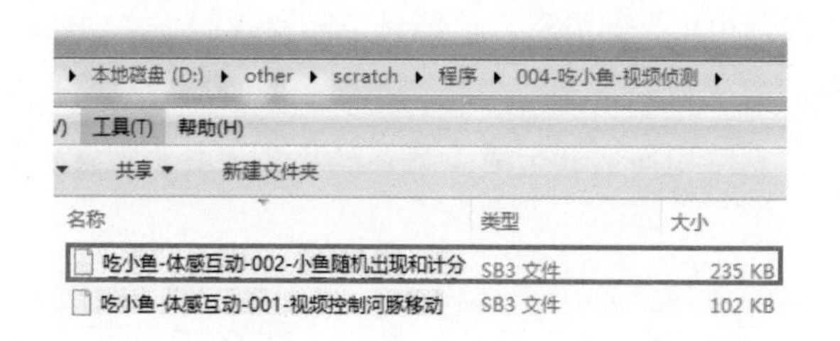

图5-20 “吃小鱼-体感互动-002-小鱼随机出现和计分”项目文件

接下来复制“吃小鱼 - 体感互动 -002- 小鱼随机出现和计分”到 bk 文件夹中做一个备份，如图 5-21 所示。

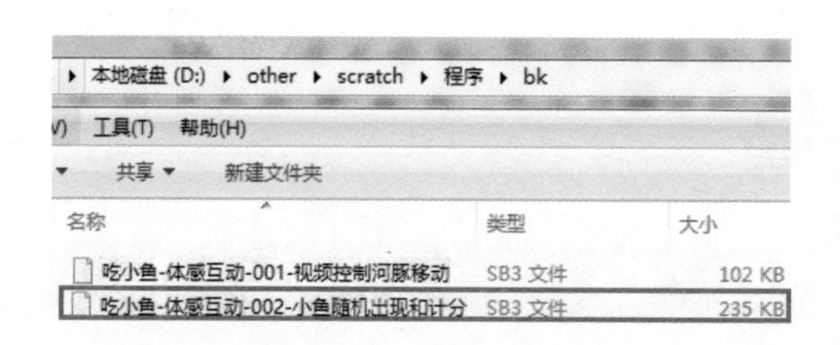

图5-21 “吃小鱼-体感互动-002-小鱼随机出现和计分”项目文件备份

小结

今天我们实现了吃小鱼游戏的“小鱼随机出现和计分”功能，至此我们已经可以玩该游戏了，同时我们还进行了★ 先复制再修改、★ 万事开头初始化、★ 取名要规范、★ 及时保存与定期备份的习惯养成练习。这些习惯对编程非常有帮助，我们在后续的项目中还要加强练习。

5.4 第 15 天：背景音乐和限时

今天我们实现“背景音乐和限时”功能，并增加小鱼被吃掉时的音效，丰富游戏的效果，步骤如下。

第一步：**复制项目文件**

我们将在“吃小鱼 - 体感互动 -002- 小鱼随机出现和计分”的基础上编写新的代码，在编写之前我们要先复制“吃小鱼 - 体感互动 -002- 小鱼随机出现和计分”，并重命名为“吃小鱼 - 体感互动 -003- 背景音乐和限时”，养成 ★ 先复制再修改 的好习惯，如图 5-22 所示。

▸ 本地磁盘 (D:) ▸ other ▸ scratch ▸ 程序 ▸ 004-吃小鱼-视频侦测 ▸

工具(T) 帮助(H)

共享 ▾ 新建文件夹

名称	类型	大小
吃小鱼-体感互动-003-背景音乐和限时	SB3 文件	235 KB
吃小鱼-体感互动-002-小鱼随机出现和计分	SB3 文件	235 KB
吃小鱼-体感互动-001-视频控制河豚移动	SB3 文件	102 KB

图 5-22 “吃小鱼-体感互动-003-背景音乐和限时”项目文件

第二步：**添加背景音乐**

打开“吃小鱼 - 体感互动 -003- 背景音乐和限时”项目文件，在背景 1 的声音选项卡中增加 Dance Chill Out 文件，如图 5-23 所示。

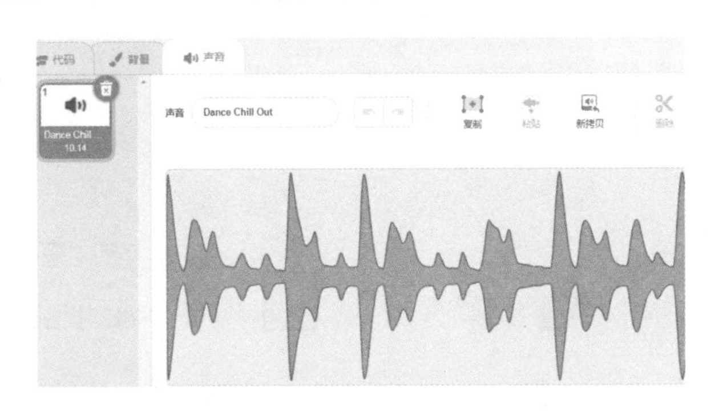

图 5-23 背景音乐文件

在背景 1 的代码选项卡中增加背景音乐播放代码，如图 5-24 所示。

图5-24 背景音乐播放代码

第三步：增加限时功能

在背景 1 的声音选项卡中增加 Dun Dun Dunnn 文件，用作游戏结束时的提示音，如图 5-25 所示。连续单击 响一点，将该声音文件的声音调至最大。

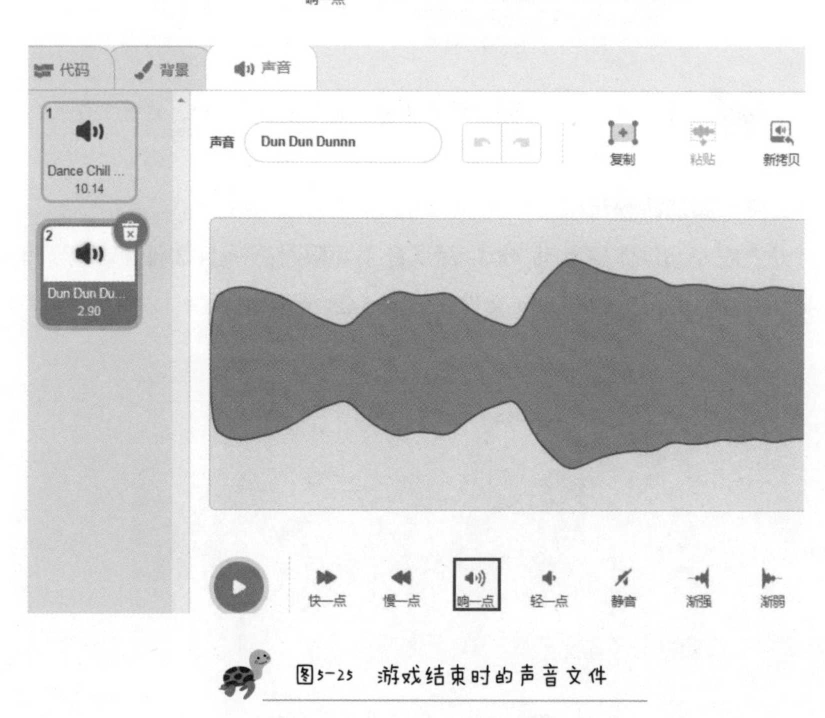

图5-25 游戏结束时的声音文件

我们在背景 1 的代码选项卡中增加限时代码，限时等待 30 秒，如图 5-26 所示。

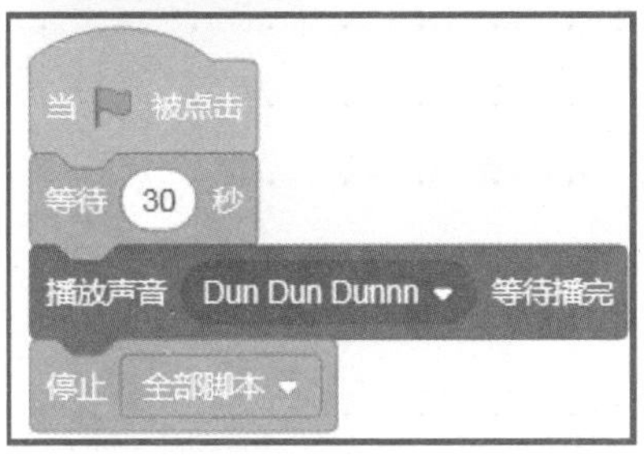

图5-26 游戏限时代码

艾叔特别提醒

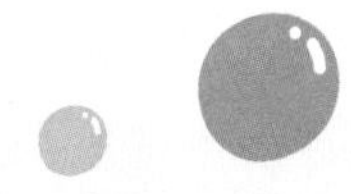

我们可以单击 ，检查游戏是否在30秒后停止，养成 ★ 即时验证 的好习惯。

第四步：增加小鱼被吃的音效

在 Pufferfish 的声音选项卡中增加声音文件 Coin，如图 5-27 所示。

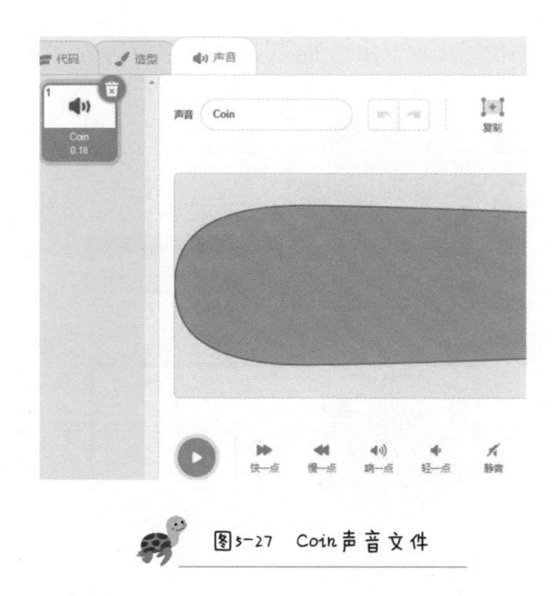

图5-27　Coin声音文件

在 Pufferfish 的代码选项卡中增加小鱼被吃的音效的代码，如图 5-28 所示。

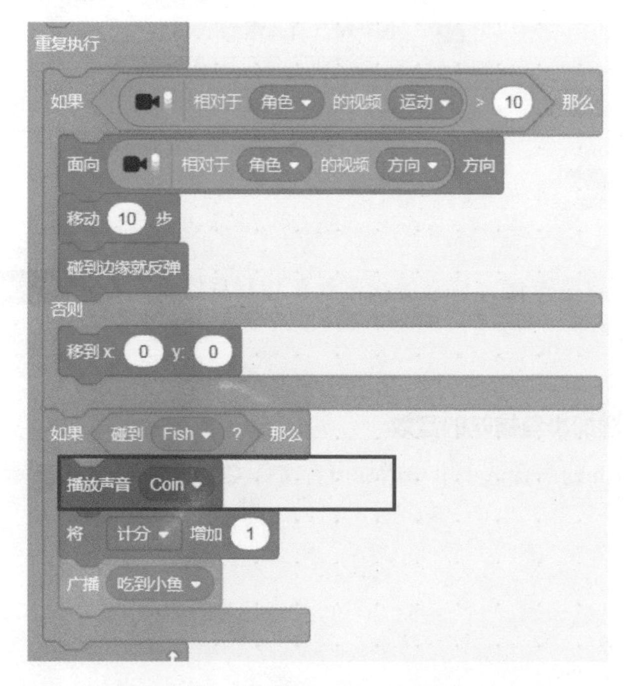

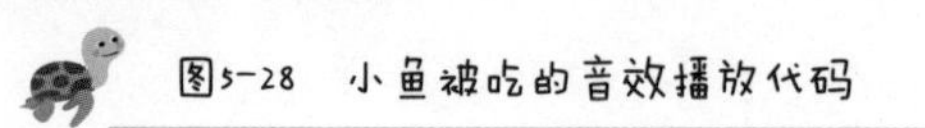
图5-28　小鱼被吃的音效播放代码

第五步：保存和备份

至此，我们实现了“背景音乐和限时”功能。在退出之前，要记得★ 及时保存与定期备份，单击“文件”菜单中的“保存到电脑”菜单项，将当前项目文件保存为“吃小鱼 - 体感互动 -003- 背景音乐和限时”，如图 5-29 所示。

本地磁盘 (D:) ▸ other ▸ scratch ▸ 程序 ▸ 004-吃小鱼-视频侦测 ▸

工具(T) 帮助(H)

共享 ▾ 新建文件夹

名称	类型	大小
吃小鱼-体感互动-003-背景音乐和限时	SB3 文件	263 KB
吃小鱼-体感互动-002-小鱼随机出现和计分	SB3 文件	235 KB

图5-29 “吃小鱼-体感互动-003-背景音乐和限时”项目文件

接下来复制“吃小鱼 - 体感互动 -003- 背景音乐和限时”到 bk 文件夹中做一个备份，如图 5-30 所示。

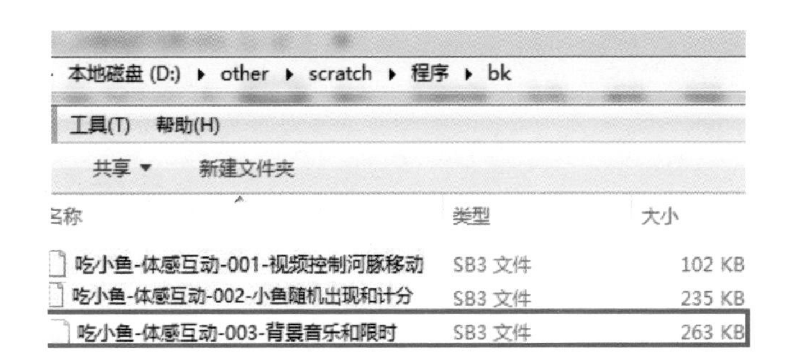

图5-30 “吃小鱼-体感互动-003-背景音乐和限时”项目文件备份

小结

今天我们实现游戏的“背景音乐和限时”功能，并增加了游戏音效，让游戏变得更加有趣，同时我们还进行了★ 先复制再修改、★ 及时保存与定期备份的习惯养成练习。这些习惯对编程非常有帮助，我们在后续的项目中还要加强练习。

第6章

项目五：海洋保卫战

6.1 看看我做的海洋保卫战游戏吧

本章用 Scratch 做一个海洋保卫战游戏。

神秘的海洋王国住着一群幸福的鱼儿，它们每天在水草间自由自在地觅食，尽情地嬉戏玩耍，过着无忧无虑的生活。但是有一天来了一群鲨鱼和一只大章鱼怪，它们到处猎杀小鱼，宁静的海洋王国从此变得“生灵涂炭”。此时，勇敢的小鱼丽丽站了出来，它和这些坏蛋勇敢地搏斗，让我们一起帮助丽丽来打赢这场海洋保卫战吧。

这个游戏一共有 3 关，越到后面就越有挑战性，让我们扫描右侧的二维码先睹为快吧。

游戏的界面如图 6-1 所示，我们使用空格键控制丽丽发射炮弹，使用左右方向键来调整炮弹发射的角度。丽丽的初始生命值为 3，小鲨鱼、章鱼怪或者章鱼怪发出的海星子弹每接触丽丽 1 次，丽丽的生命值就减 1，如果在游戏的过程中丽丽的生命值变为 0，则游戏失败。

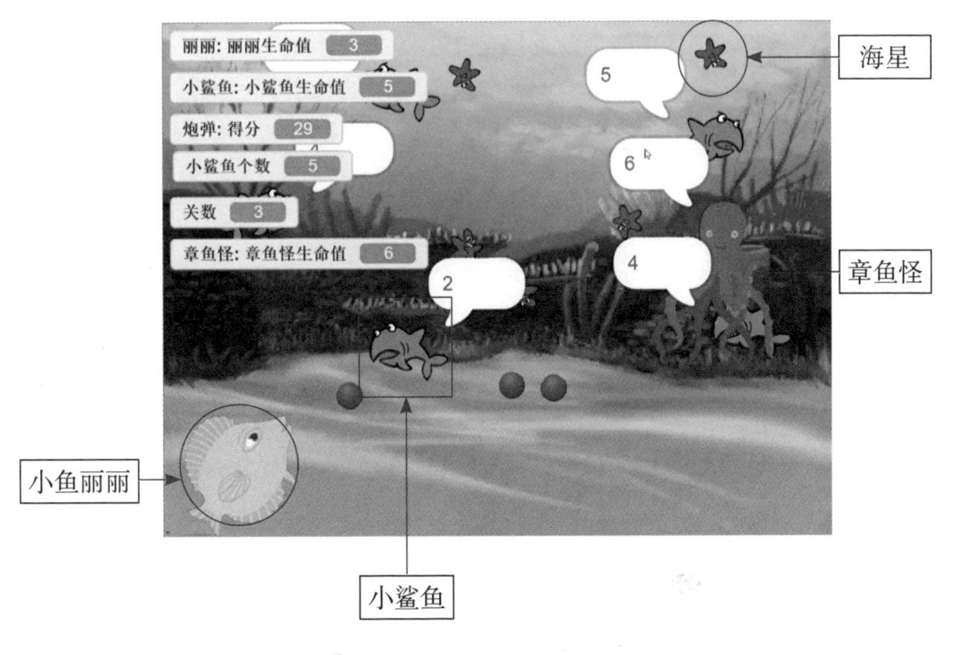

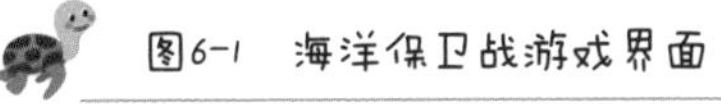
图6-1 海洋保卫战游戏界面

该游戏一共有 3 关，内容描述如下。

- 第一关将出现 1 个小鲨鱼，它的生命值为 5，丽丽发射的炮弹打中小鲨鱼 1 次，小鲨鱼的生命值就减 1。当小鲨鱼的生命值为 0 时，第一关通过。
- 第二关将出现 3 个小鲨鱼，每个小鲨鱼的生命值为 5，丽丽发射的炮弹打中小鲨鱼 1 次，该小鲨鱼的生命值就减 1。当小鲨鱼的生命值为 0 时，小鲨鱼消失，待所有的小鲨鱼都被消灭后，第二关通过。
- 第三关将出现 5 个小鲨鱼和 1 个章鱼怪，每个小鲨鱼的生命值为 5，章鱼怪的生命值为 10。章鱼怪还会发射海星子弹，章鱼怪和海星子弹都可以攻击丽丽，章鱼怪每被丽丽发射的炮弹击中 1 次生命值就减 1，当章鱼怪的生命值为 0 时，则游戏胜利。

这么好玩的游戏我们该如何实现它呢？别着急，我们在编写代码之前，先进行**程序分析**，养成 ★ 先分析再编程 的好习惯。

程序分析要完成以下 3 个任务，并得到具体的结果。

- 找出游戏有**哪些功能**。
- 找出**最重要的功能**是什么。
- 找出**最难实现的功能**是什么。

我们先看**程序分析**的**第一个任务**，结合前面的视频仔细思考，可以知道游戏的主要功能，如图 6-2 所示。

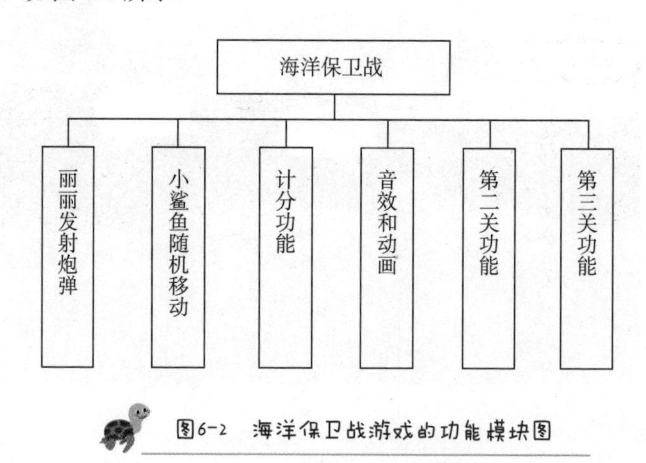

图6-2 海洋保卫战游戏的功能模块图

功能模块说明如下。

- “丽丽发射炮弹”实现按空格键后炮弹从丽丽嘴中发射出去，并且炮弹发射的方向和丽丽嘴的朝向一致。
- “小鲨鱼随机移动”实现小鲨鱼在舞台区随机移动。
- “计分功能”实现炮弹击中目标后计分，击中小鲨鱼计 1 分、击中章鱼怪计 1 分、击中海星子弹计 1 分。
- “音效和动画”为游戏添加好听的背景音乐，并添加丽丽和小鲨鱼受到攻击时的音效和动画。
- “第二关功能”将创建 3 个小鲨鱼，每个小鲨鱼的生命值为 3，需要消灭所有小鲨鱼才能通过第二关。
- “第三关功能”将创建 5 个小鲨鱼和 1 个章鱼怪，章鱼怪还能发射海星子弹。小鲨鱼的生命值为 3，章鱼怪的生命值为 10，章鱼怪被消灭后游戏胜利。

我们再看**程序分析**的第二个任务——找出最重要的功能是什么。从上面的功能模块说明中我们不难得出：**“丽丽发射炮弹”和“小鲨鱼随机移动”是最重要的两个功能**。因为如果没有这两个功能，游戏就没法玩了；而有这两个功能的话，即使其他功能没有，这个程序依然是一个可玩的游戏，只是没有那么好玩和复杂罢了。

最后我们看**程序分析**的第三个任务——找出最难实现的功能是什么。我们可以把每个功能的实现在脑海中过一遍，其中“**丽丽发射炮弹**”中的炮弹需要按照丽丽嘴的朝向发射出去，而丽丽嘴的朝向是随着左右方向键而调整的，这是一个难点。此外，创建多个小鲨鱼，并单独计算它们的生命值也是一个难点。

综上所述，**“丽丽发射炮弹”**是游戏中最重要且有难度的功能，根据 ★ 紧盯最重要功能 这个好习惯，我们第一步要实现的就是“**丽丽发射炮弹**”。

6.2 第 16 天：丽丽发射炮弹

今天我们实现“丽丽发射炮弹”，这是最重要且最关键的功能，具体步骤如下。

第一步：新建项目

我们首先新建一个空白项目，并将项目命名为“海洋保卫战 -001- 丽丽发射炮弹”，以养成 ★ 取名要规范 的好习惯，如图 6-3 所示，步骤如下。

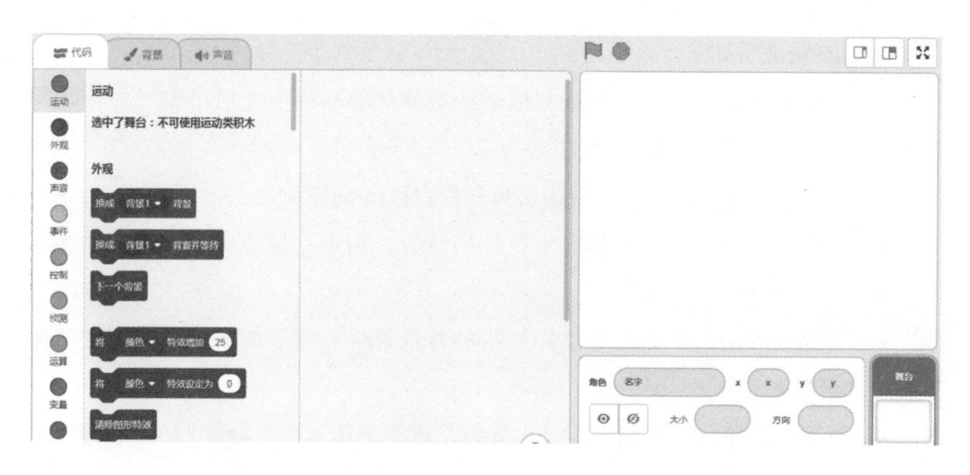

图6-3 “海洋保卫战-001-丽丽发射炮弹”主界面

双击桌面中的Scratch Desktop图标，新建空白项目并命名为“海洋保卫战-001-丽丽发射炮弹”，删除默认角色。

将“海洋保卫战-001-丽丽发射炮弹”项目文件存储到本地，养成★及时保存与定期备份的好习惯，如图6-4所示。

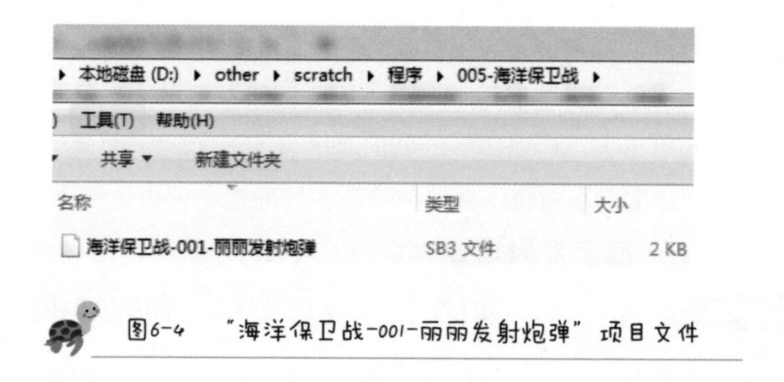

图6-4 “海洋保卫战-001-丽丽发射炮弹”项目文件

艾叔特别提醒

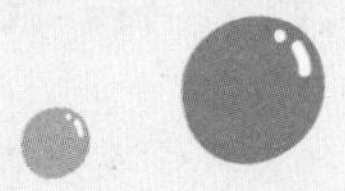

我们在存储“海洋保卫战-001-丽丽发射炮弹”项目文件之前，要先创建文件夹“005-海洋保卫战”。

第二步：加入背景和角色

加入背景库中的 Underwater1 背景，如图 6-5 所示。

图6-5 Underwater1背景

在背景选项卡中将 Underwater1 的名字修改为“第一关”，如图 6-6 所示，这样我们可以很清楚地知道该文件的用途，以养成★取名要规范的习惯。

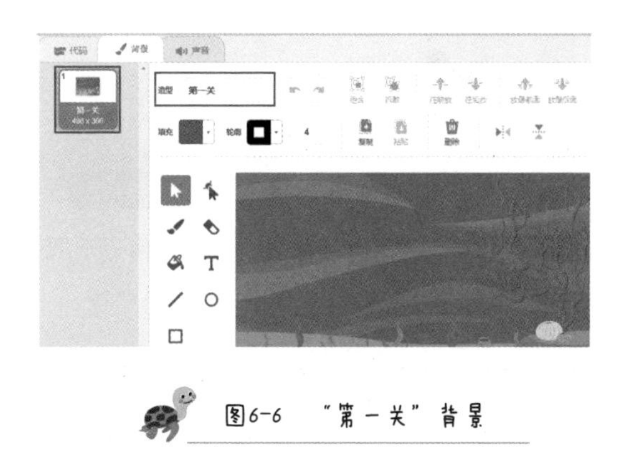

图6-6 “第一关”背景

接下来添加角色库中的 Fish 角色（简称 Fish），如图 6-7 所示。

图6-7 Fish角色信息

删除 Fish 的前 3 个造型，保留 fish-d 造型，如图 6-8 所示。

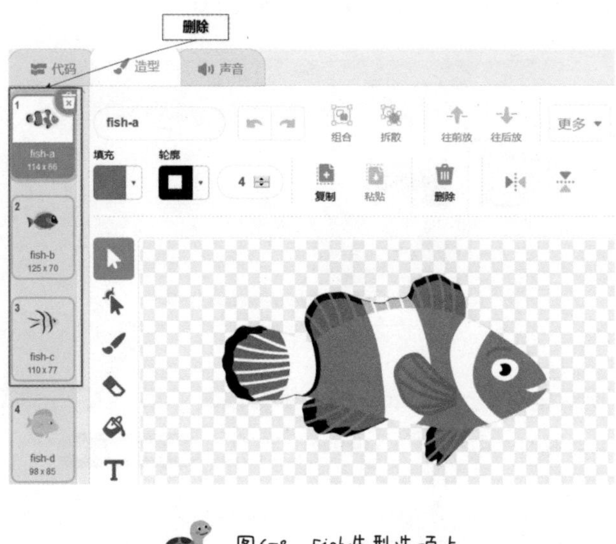

图6-8 Fish造型选项卡

接下来将 Fish 的名字改为“丽丽”，养成★ 取名要规范的习惯，如图 6-9 中的 1 和 3 所示，丽丽的名字和造型修改好后，将丽丽拖动到舞台区的左下角，并记住图 6-9 中的 2 所示的 x 和 y 坐标值，用于后续的初始化。

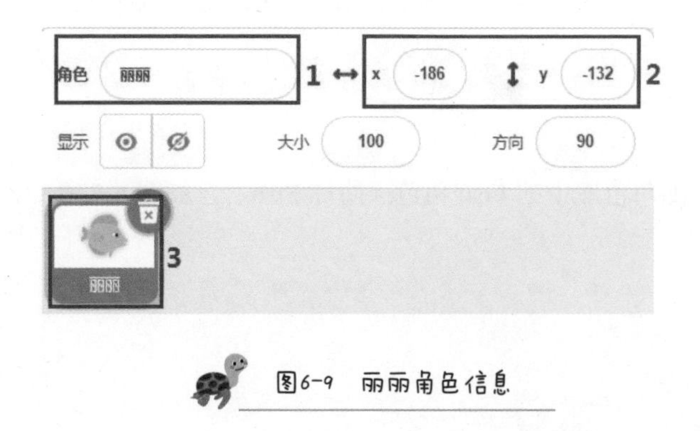

图6-9 丽丽角色信息

编写丽丽的初始化代码，以固定丽丽出现时的方向和位置，如图 6-10 所示，养成★ 万事开头初始化的好习惯。

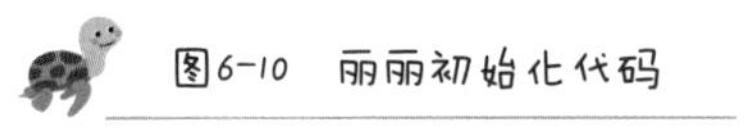
图6-10 丽丽初始化代码

第三步：加入炮弹角色

增加角色库中的Ball角色（简称Ball），并且只保留ball-e造型，如图6-11所示。

图6-11 增加Ball角色

修改 Ball 的名字为“炮弹”，并且修改其“大小”为 40，如图 6-12 所示。

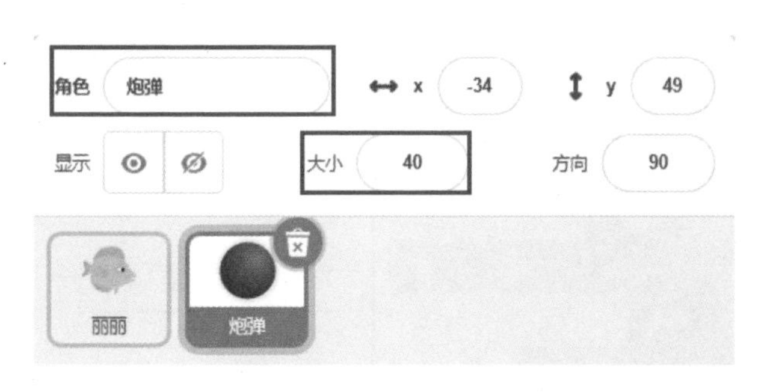

图6-12 修改角色信息

增加炮弹的初始化代码，以实现先隐藏自己，然后移到丽丽位置处，待后续按空格键再发射出去的效果，如图 6-13 所示。

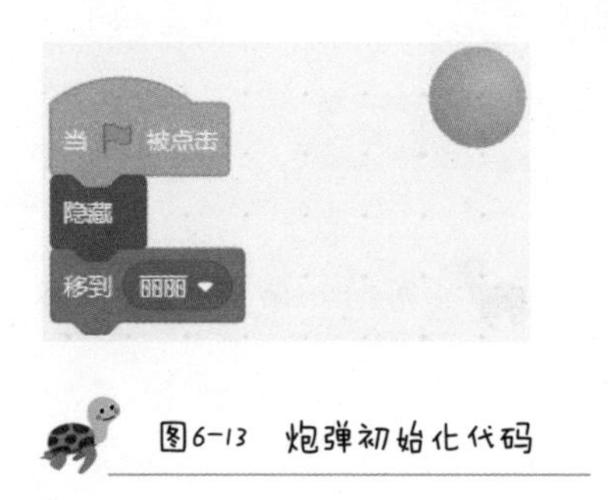

图6-13 炮弹初始化代码

第四步：实现炮弹发射

炮弹发射的实现代码及说明如图 6-14 所示，我们要注意以下几点。

- 每次按空格键时，我们要先将炮弹移到丽丽的位置，但是该位置是丽丽的造型中心点，离丽丽的嘴巴还有一段距离，因此我们还要使用移动 45 步将炮弹移到丽丽的嘴巴处再显示，从而实现炮弹从丽丽口中发射的效果。
- 我们使用了重复执行，以实现炮弹每次移动 10 步，并且还要判断一旦炮弹到达舞台边缘，就要隐藏当前炮弹并停止当前脚本。

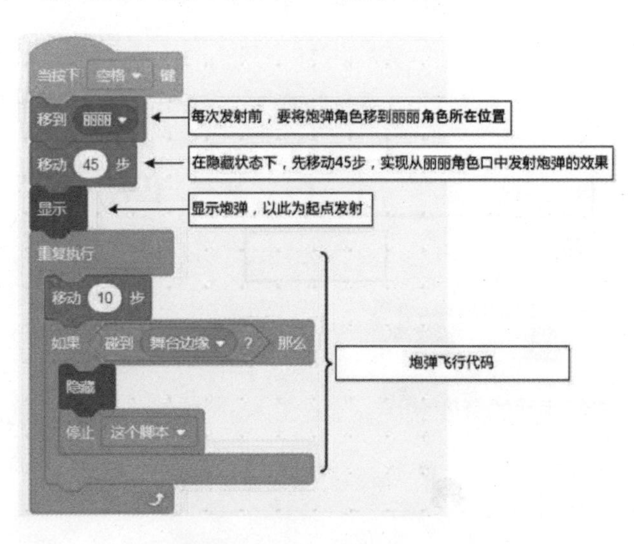

图6-14 炮弹发射代码

炮弹要顺着丽丽的嘴的朝向发射出去，因此发射之前要初始化炮弹的角度，炮弹的初始化代码如图 6-15 所示。注意，丽丽初始化的角度是 90 度，而炮弹初始化的角度是 95 度，两个数字是不一样的，这是因为丽丽嘴的朝向和丽丽角色的朝向是有偏差的，其中丽丽嘴的朝向还要向下一点，它的角度比 90 度大，大约是 95 度，这也就是炮弹的初始化角度是 95 度的原因。

思考一下：我们为何不把 面向 95 方向 放置在 当按下 空格 键 下方？

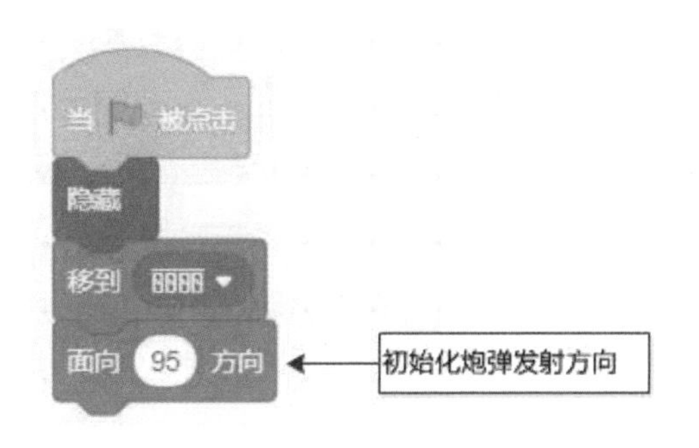

图6-15 炮弹角度的初始化代码

艾叔特别提醒

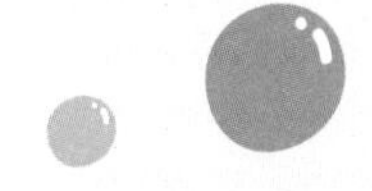

此时我们可以按空格键，检查炮弹是否正常发射，养成 ★ 即时验证 的好习惯。

第五步：控制丽丽的角度

我们使用左右方向键来控制丽丽的角度，其中左方向键控制丽丽逆时针转动，每按一次，丽丽逆时针旋转 15 度。右方向键控制丽丽顺时针转动，每按一次，丽丽顺时针旋转 15 度，具体代码如图 6-16 所示。

图6-16　丽丽角度的控制代码

第六步：控制炮弹发射的角度

当丽丽的角度调整好后，炮弹发射的角度也要有相应的调整，我们可以在丽丽每次调整角度时发送一条消息给炮弹，使其随之调整，丽丽的广播代码如图6-17所示。

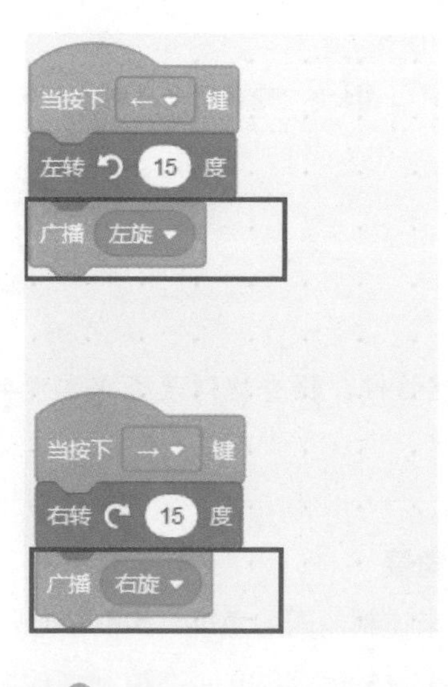

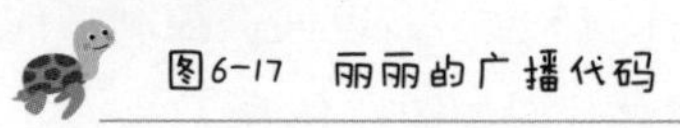
图6-17　丽丽的广播代码

炮弹的消息处理代码如图 6-18 所示。

图6-18 炮弹的消息处理代码

艾叔特别提醒

此时我们可以按空格键和左右方向键，检查炮弹是否正常发射，养成 ★ 即时验证 的好习惯。

如果上述功能没有问题，我们可以将当前所做的修改存储到本地文件“海洋保卫战 -001- 丽丽发射炮弹”中，养成 ★ 及时保存与定期备份 的好习惯。

第七步：实现炮弹连续发射

目前炮弹只能单发射击，也就是说必须等前一发炮弹消失后，才能发射新的炮弹，这样会严重影响玩家的游戏体验。试想一下，当我们按空格键后却没有炮弹发出，那将是一件多么糟糕的事情。因此，我们这一步实现炮弹连续发射的功能，采用的方法就是“克隆”，炮弹代码编辑区中的代码如图 6-19 所示。

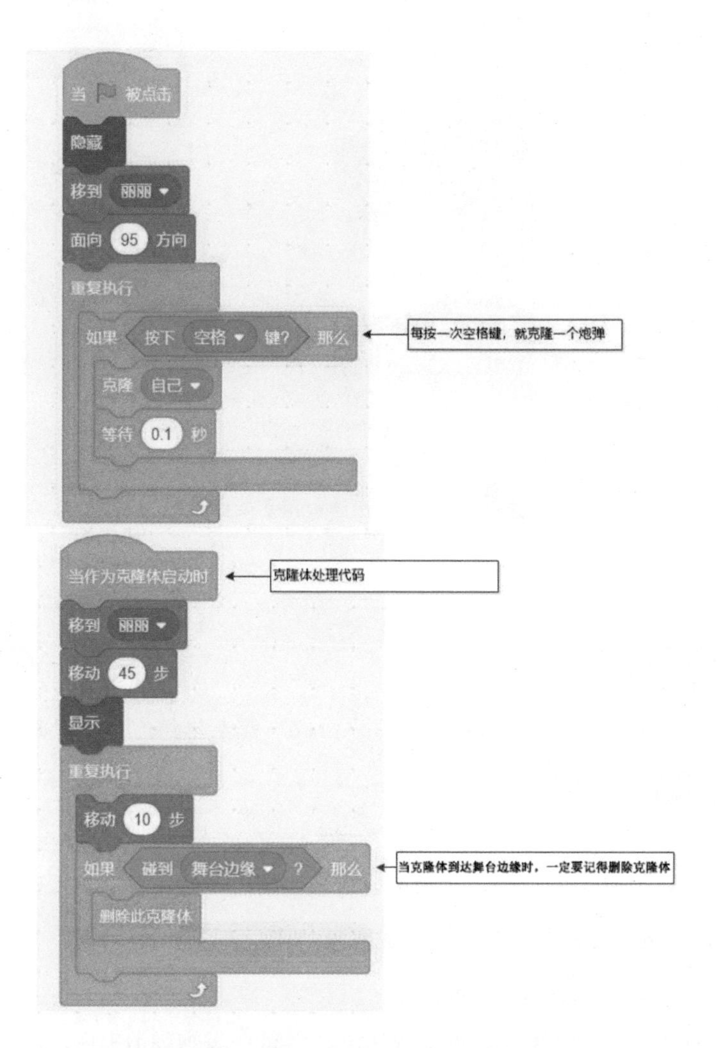

图6-19 炮弹连续发射代码

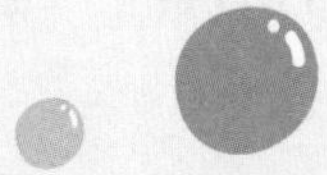

艾叔特别提醒

每个克隆体在到达舞台边缘时，一定要删除克隆体，而不是将其隐藏，否则克隆体占用的资源会越来越多，最终导致程序无法运行。

第八步：保存和备份

至此，我们实现了游戏中最重要且最关键的“丽丽发射炮弹”功能。在退出之前，要记得★ 及时保存与定期备份，单击“文件”菜单中的“保存到电脑”菜单项，将当前项目文件保存为“海洋保卫战 -001- 丽丽发射炮弹”，如图 6-20 所示。

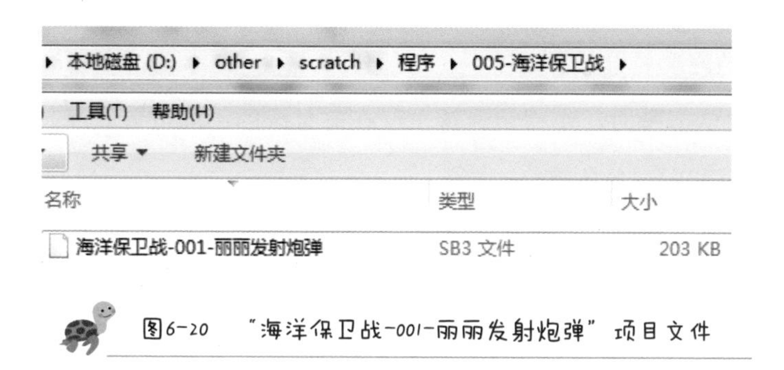

图6-20 “海洋保卫战-001-丽丽发射炮弹”项目文件

接下来复制“海洋保卫战 -001- 丽丽发射炮弹”到 bk 文件夹中做一个备份，如图 6-21 所示。

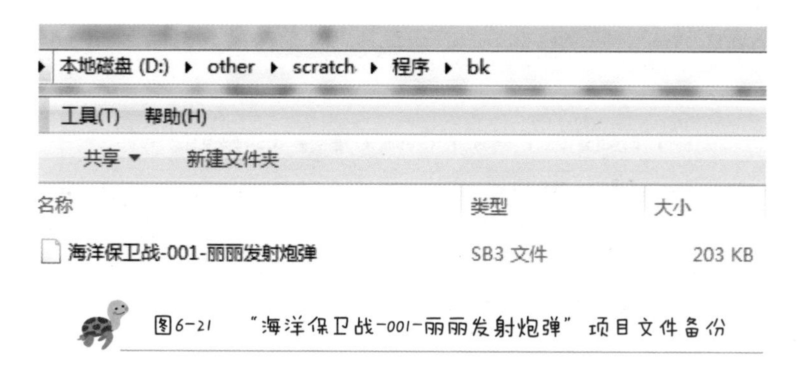

图6-21 “海洋保卫战-001-丽丽发射炮弹”项目文件备份

小结

今天我们实现了“丽丽发射炮弹”功能，同时我们还进行了★ 万事开头初始化、★ 取名要规范、★ 即时验证、★ 及时保存与定期备份的习惯养成练习。这些习惯对编程非常有帮助，我们在后续的项目中还要加强练习。

6.3 第17天：小鲨鱼随机移动

今天我们实现“小鲨鱼随机移动”功能，在编写代码之前，我们先分析一下“小鲨鱼随机移动”功能要实现什么样的效果，养成★先分析再编程的好习惯。我们可以将小鲨鱼的移动效果分解成以下3个部分。

- 每次单击时，小鲨鱼应该出现在舞台区的不同位置，而且要避免小鲨鱼出现的位置和丽丽角色重叠。
- 每次单击时，小鲨鱼移动的方向应该不同。
- 小鲨鱼移动的过程中最好有点动画，让它看起来更凶一点。

有了上面的分析，我们就可以开始具体的编写了，步骤如下。

第一步：复制项目文件

我们将在“海洋保卫战-001-丽丽发射炮弹”的基础上编写新的代码，在编写代码之前我们要先复制“海洋保卫战-001-丽丽发射炮弹”，并重命名为“海洋保卫战-002-小鲨鱼随机移动”，养成★先复制再修改的好习惯，如图6-22所示。

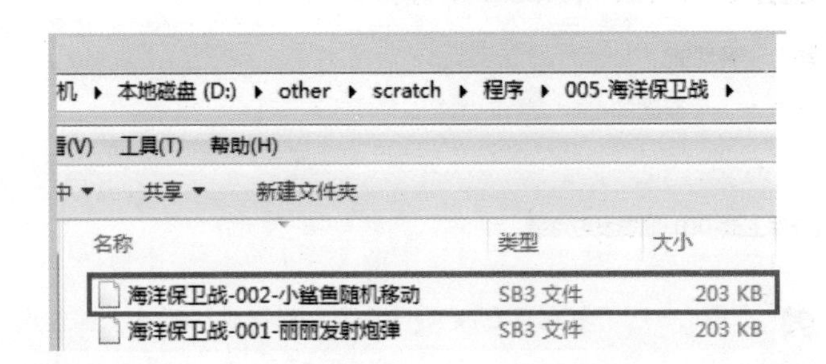

图6-22 “海洋保卫战-002-小鲨鱼随机移动”项目文件

第二步：添加角色

打开“海洋保卫战-002-小鲨鱼随机移动”项目文件，添加角色Shark2，修改角色名为“小鲨鱼”，如图6-23中的1所示，养成★取名要规范的好习惯。修改x和y坐标值为0，如图6-23中的2所示。修改“大小”为40，如图6-23中的3所示。

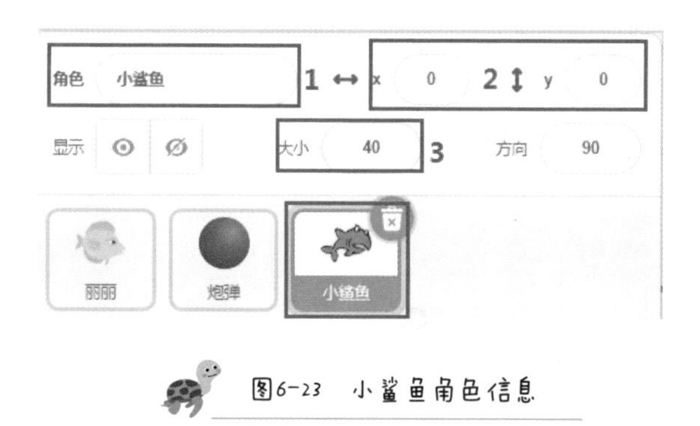

图6-23 小鲨鱼角色信息

第三步：小鲨鱼初始化

为小鲨鱼添加初始化代码，如图 6-24 所示，养成★ 万事开头初始化的好习惯。

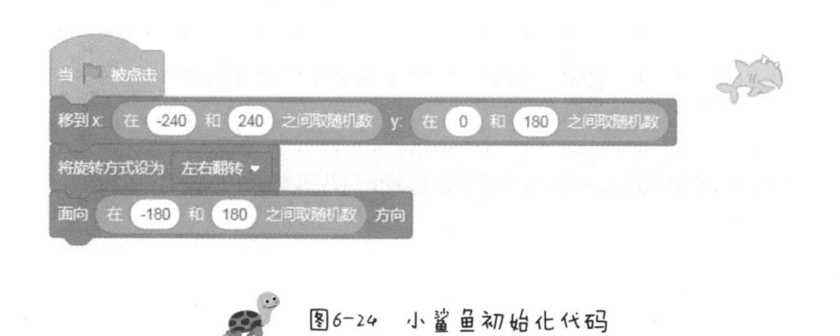

图6-24 小鲨鱼初始化代码

代码说明如下。

- 移到x: 在 -240 和 240 之间取随机数 y: 在 0 和 180 之间取随机数 用于实现小鲨鱼的随机出现。其中 x 的取值范围是 -240~240，即小鲨鱼可以在舞台区的任意水平位置内出现；y 的取值范围是 0~180，即小鲨鱼只能在舞台区的上半部分出现，避免小鲨鱼一出现就和丽丽互相重合。
- 将旋转方式设为 左右翻转 用于设置小鲨鱼碰到舞台边缘后只左右翻转，而不上下翻转，使小鲨鱼总能保持正确的姿势。
- 面向 在 -180 和 180 之间取随机数 方向 用于设置小鲨鱼的初始角度，取值范围是 -180~180，因此，每次运行时小鲨鱼移动的方向都会不一样。

第四步：小鲨鱼移动

为了实现小鲨鱼游动的动画，我们在小鲨鱼的造型选项卡中删除 shark2-c 造型，只保留 shark2-a 和 shark2-b 造型，如图 6-25 所示。

图6-25 小鲨鱼造型选项卡

接下来在小鲨鱼初始化代码下增加移动代码，如图 6-26 所示。

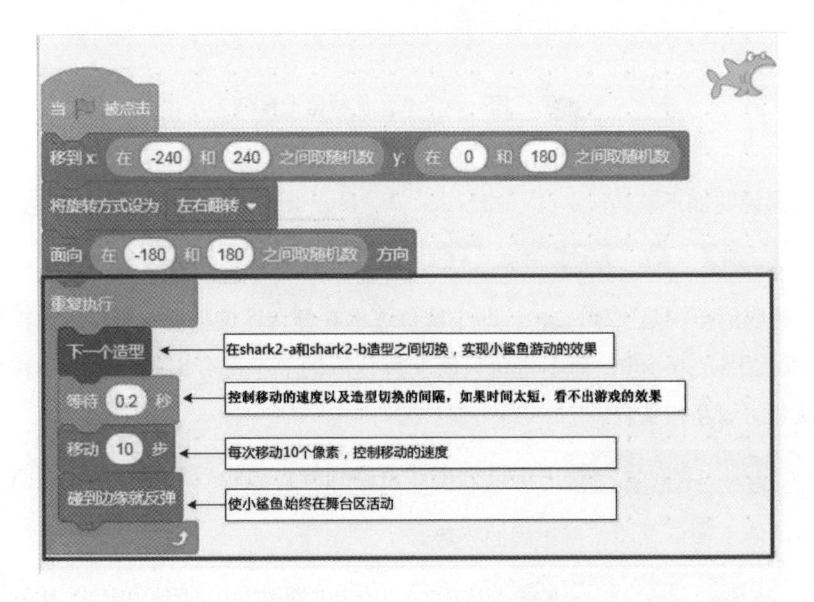

图6-26 小鲨鱼移动代码

艾叔特别提醒

我们可以单击🏴，检查小鲨鱼是否在随机位置出现并移动，养成★ 即时验证的好习惯。

第五步：保存和备份

至此，我们实现了“小鲨鱼随机移动”功能。在退出之前，要记得★ 及时保存与定期备份，单击“文件”菜单中的“保存到电脑”菜单项，将当前项目文件保存为“海洋保卫战 -002- 小鲨鱼随机移动”，如图 6-27 所示。

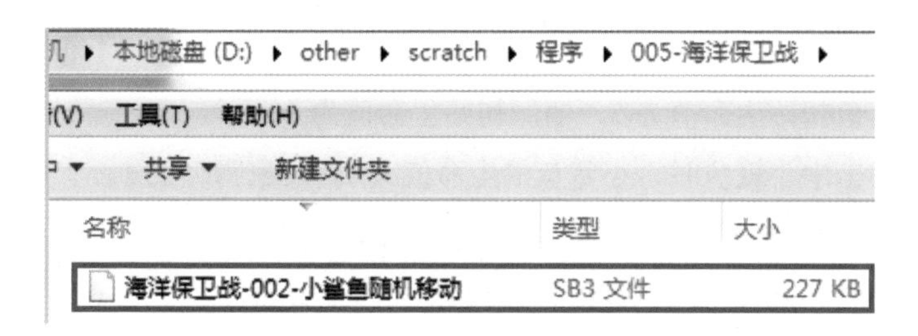

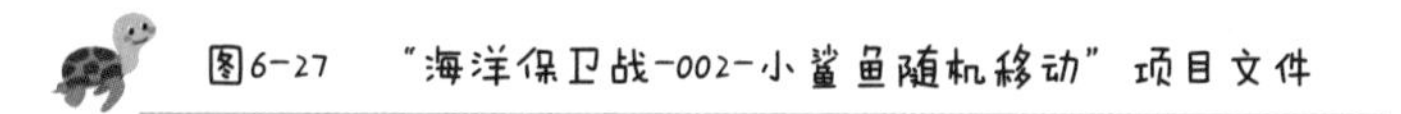
图6-27 “海洋保卫战-002-小鲨鱼随机移动”项目文件

接下来复制“海洋保卫战 -002- 小鲨鱼随机移动”到 bk 文件夹中做一个备份，如图 6-28 所示。

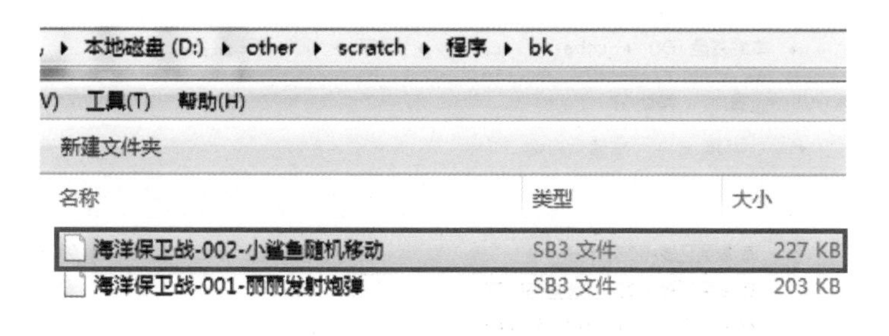

图6-28 “海洋保卫战-002-小鲨鱼随机移动”项目文件备份

小结

今天我们实现了“小鲨鱼随机移动”功能，同时我们还进行了★ 先分析再编程、★ 先复制再修改、★ 万事开头初始化、★ 取名要规范、★ 即时验证、★ 及时保存与定期备份的习惯养成练习。这些习惯对编程非常有帮助，我们在后续的项目中还要加强练习。

6.4 第18天：计分功能

今天我们实现计分功能，在编写代码之前，我们先分析计分功能的组成，养成★ 先分析再编程的好习惯。我们可以将计分功能分解成以下几个部分。

- 小鲨鱼初始生命值为5，丽丽初始生命值为3。
- 炮弹击中小鲨鱼时，小鲨鱼的生命值减1，玩家得分加1。
- 小鲨鱼碰到丽丽时，丽丽的生命值减1。

有了上面的分析，我们就可以开始编程了，步骤如下。

第一步：复制项目文件

我们将在“海洋保卫战-002-小鲨鱼随机移动”的基础上编写新的代码，在编写之前我们要先复制“海洋保卫战-002-小鲨鱼随机移动”，并重命名为“海洋保卫战-003-计分”，养成★ 先复制再修改的好习惯，如图6-29所示。

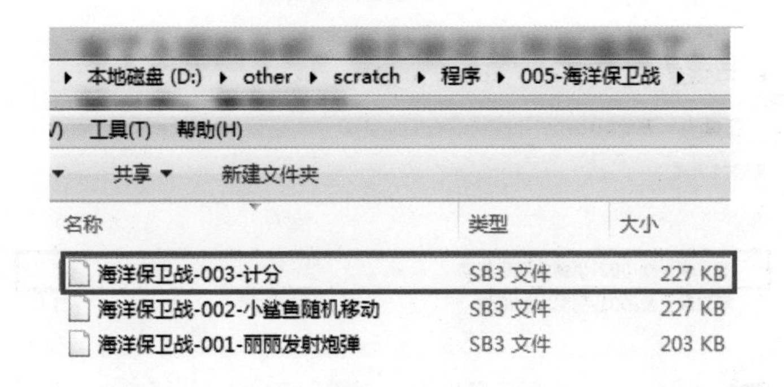

图6-29 “海洋保卫战-003-计分”项目文件

第二步：丽丽计分

在丽丽的代码选项卡中新建变量“丽丽生命值”，用来存储丽丽的生命值，如图 6-30 所示。注意该变量的适用范围为“仅适用于当前角色”，这样可以防止其他角色的代码随意引用和修改该变量。

图6-30 “新建变量”对话框

为丽丽增加变量初始化代码，设置丽丽生命值为 3，养成 ★ 万事开头初始化 的好习惯，如图 6-31 所示。

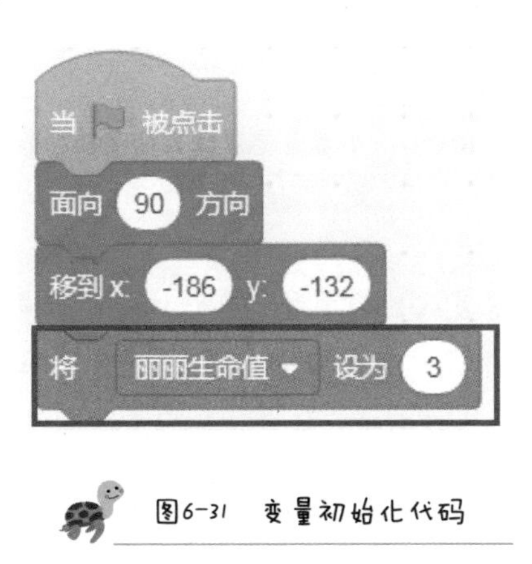

图6-31 变量初始化代码

判断小鲨鱼在移动的过程中是否碰到了丽丽，小鲨鱼代码如图 6-32 所示。

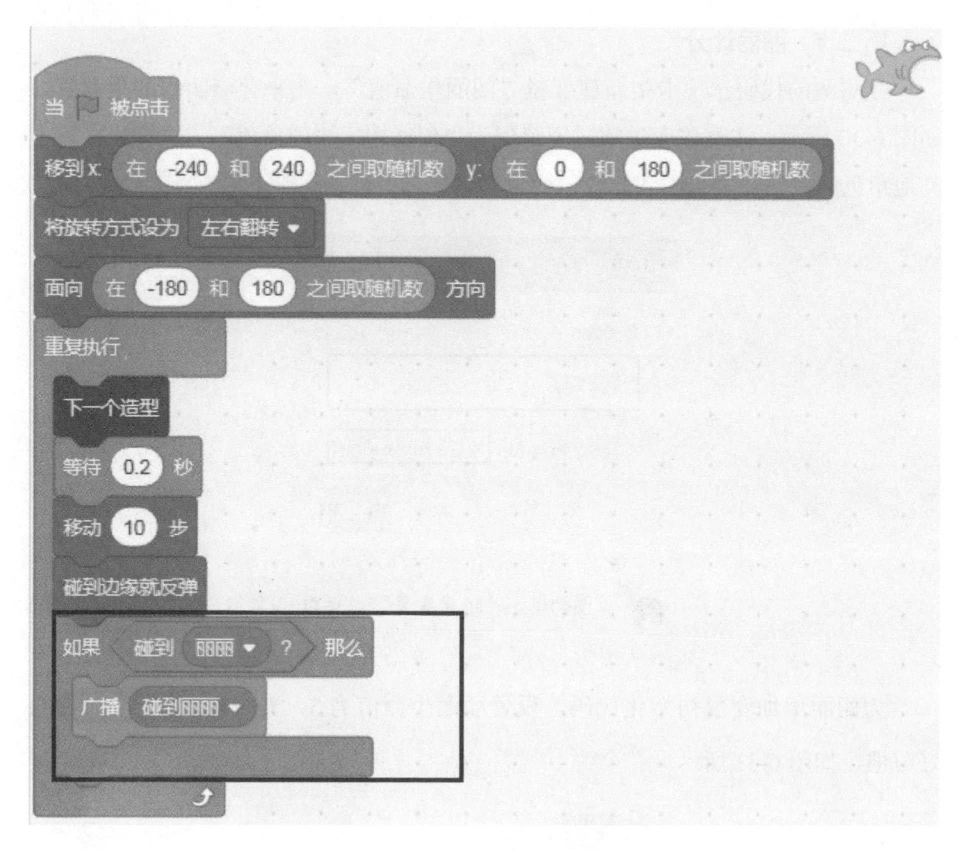

图6-32 小鲨鱼是否碰到丽丽的判断代码

小鲨鱼碰到丽丽后，我们并没有直接将“丽丽生命值”减1，而是广播一条“碰到丽丽”消息，这样可以实现对丽丽受到攻击后的事件做统一处理，代码清晰且便于扩展。

为丽丽增加“碰到丽丽”消息处理代码，如图6-33所示。后续丽丽受到其他攻击时，也都统一由此代码处理。

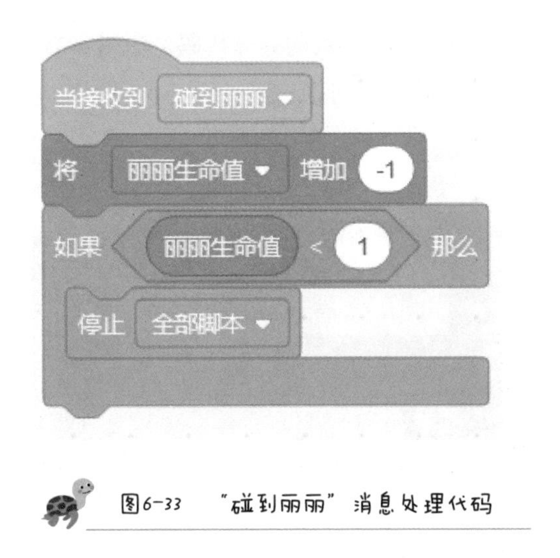

图6-33 “碰到丽丽”消息处理代码

第三步：**小鲨鱼计分**

我们在小鲨鱼的代码选项卡中新建变量“小鲨鱼生命值”，用来存储小鲨鱼的生命值，如图 6-34 所示。注意该变量的适用范围为“仅适用于当前角色”，后续我们要使用克隆的方法创建多个小鲨鱼，那么每个小鲨鱼克隆体将拥有一个单独的变量“小鲨鱼生命值”。如果我们选择变量的适用范围为“适用于所有角色”，则所有小鲨鱼克隆体会共享同一个变量，从而导致程序出错。

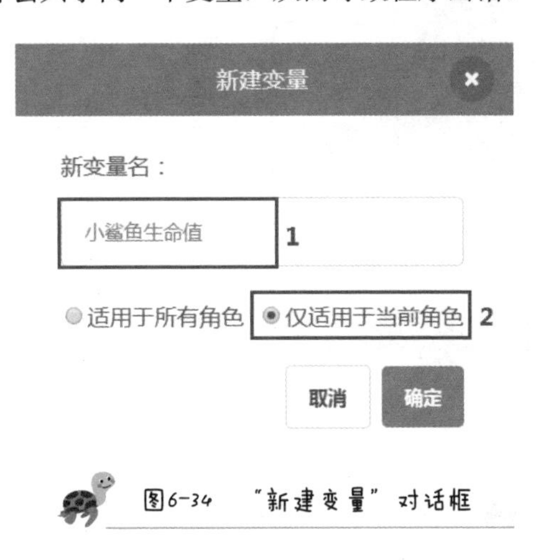

图6-34 “新建变量”对话框

为小鲨鱼增加小鲨鱼碰到炮弹后的处理代码，如图 6-35 所示。每碰到一次炮弹，小鲨鱼的生命值就减 1，当“小鲨鱼生命值”为 0 时，小鲨鱼就被消灭了。

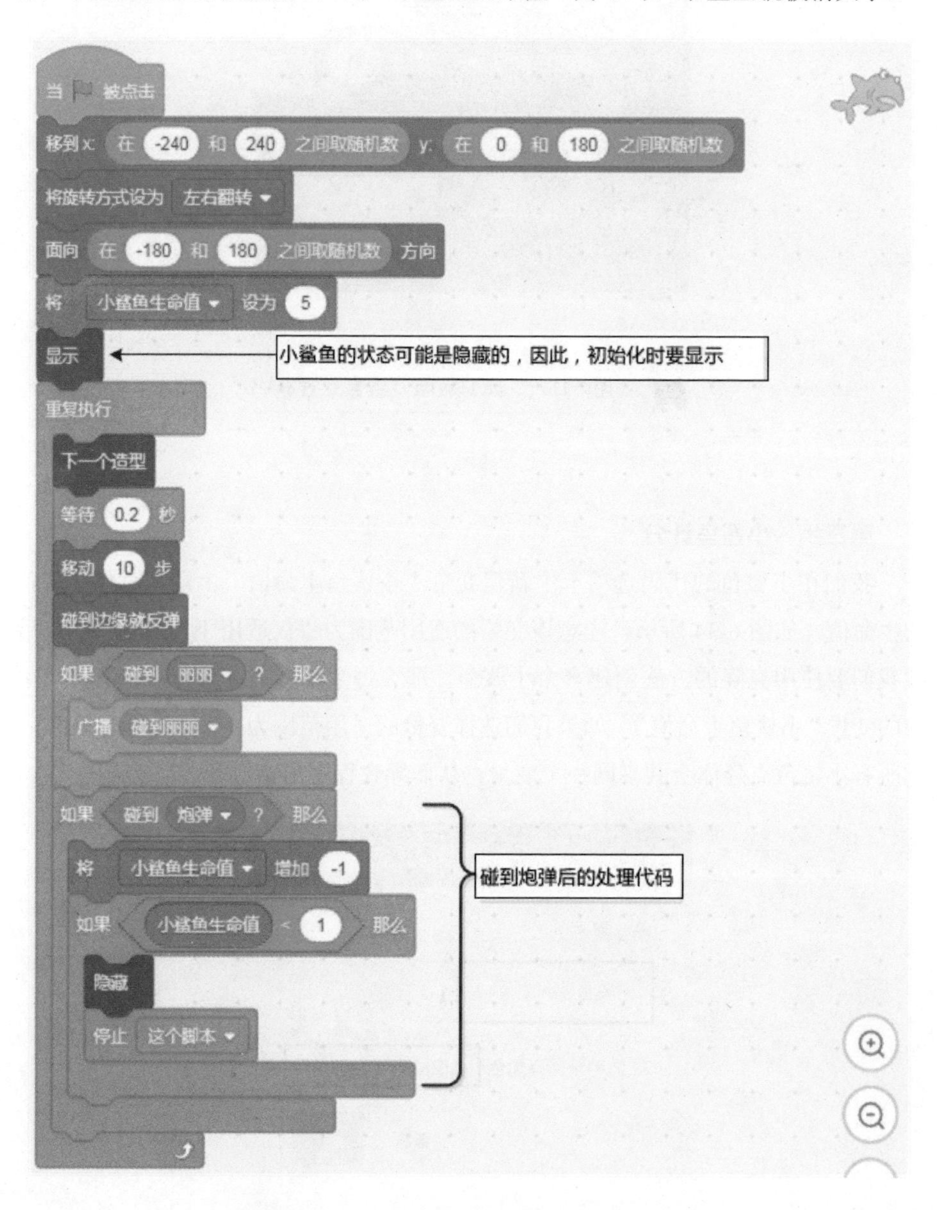

图6-35 小鲨鱼碰到炮弹后的处理代码

炮弹击中小鲨鱼后自己也要消失，为炮弹增加的处理代码如图 6-36 所示。注意：炮弹击中小鲨鱼后，一定要删除炮弹克隆体，否则炮弹克隆体越来越多，占用电脑的资源也就越来越多，最终会导致程序无法运行。

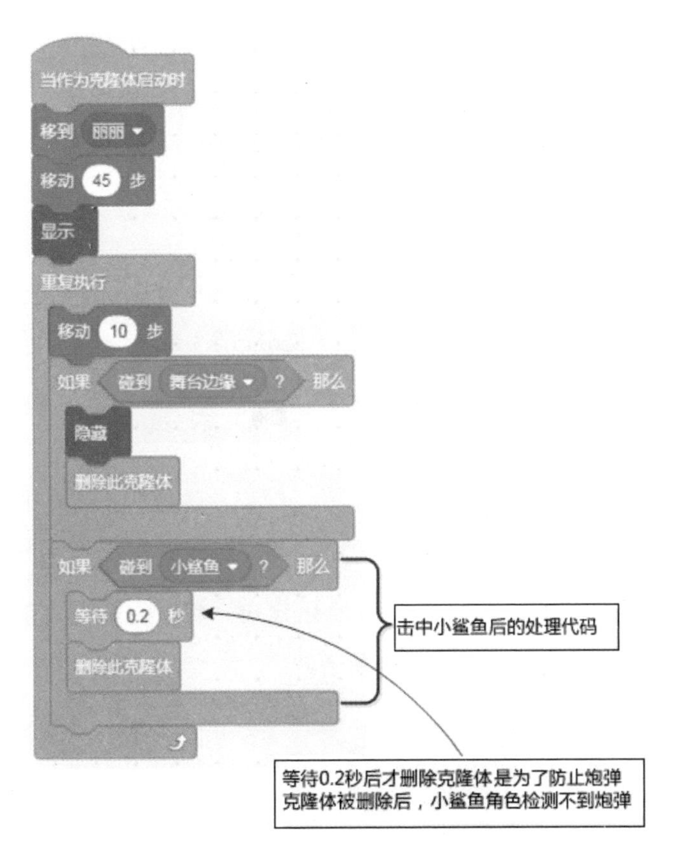

图6-36 炮弹击中小鲨鱼后的处理代码

艾叔特别提醒

上述代码完成后，我们要立即检查代码是否能正常工作，养成 ★ 即时验证 的好习惯。

第四步：实现计分功能

炮弹每击中1次小鲨鱼，就计1分。因此，我们在炮弹代码选项卡中新建变量，如图6-37所示，新变量命名为“得分”，以养成★ 取名要规范的好习惯；同时因为该变量不需要被其他角色访问，故选择“仅适用于当前角色”。

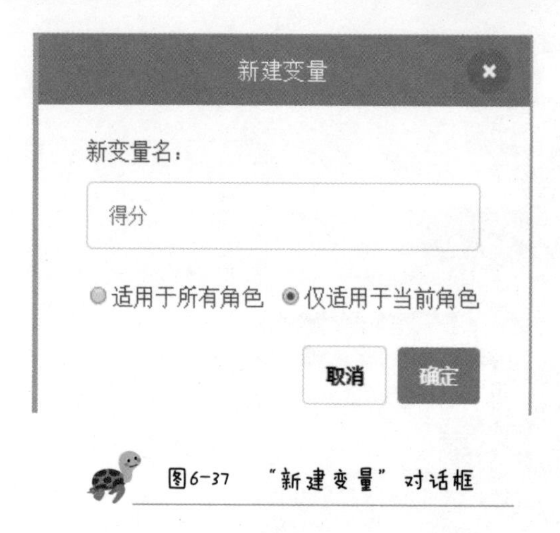

图6-37 “新建变量”对话框

为炮弹增加“得分”变量的初始化代码，将“得分”设置为0，养成★ 万事开头初始化的好习惯，如图6-38所示。

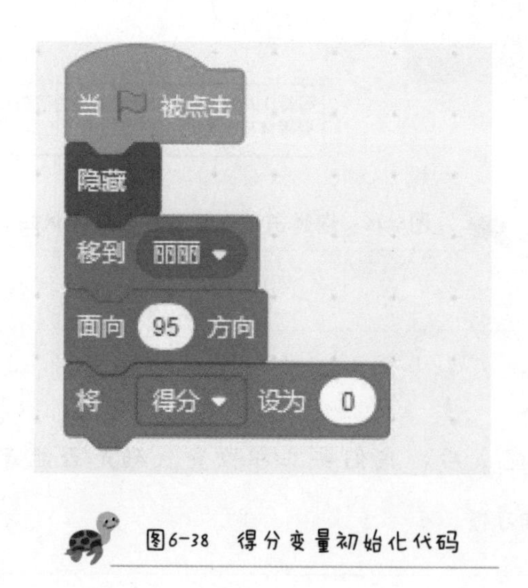

图6-38 得分变量初始化代码

为小鲨鱼增加被击中通知代码，如图 6-39 所示，当小鲨鱼被击中时，发送一条“被击中”的消息。

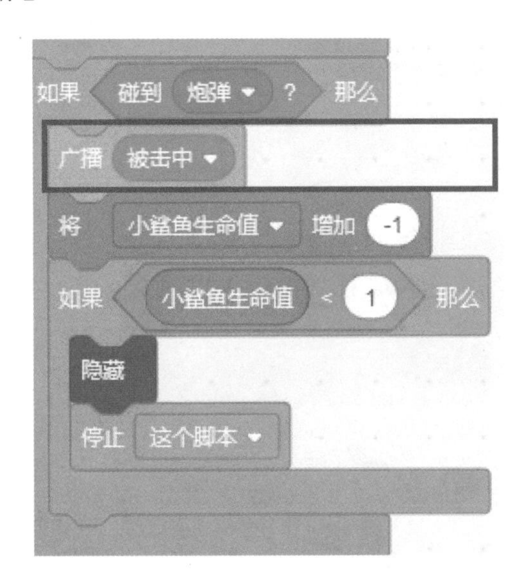

图6-39　被击中通知代码

为炮弹增加“被击中”消息的处理代码，如图 6-40 所示，每接收到一次消息得分加 1。

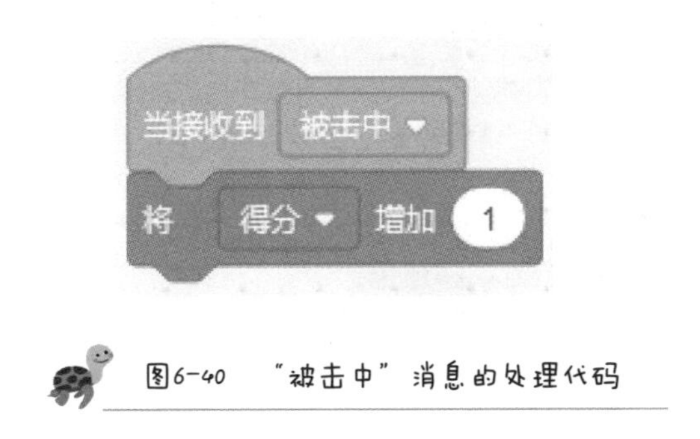

图6-40　“被击中”消息的处理代码

我们可以在舞台区看到变量信息，如图 6-41 所示。因为这些变量的适用范围都是“仅适用于当前角色”，所以在每个变量的名字前都加上了角色名。

图6-41 变量信息

第五步：保存和备份

至此，我们实现了游戏的计分功能。在退出之前，要记得★ 及时保存与定期备份，单击“文件”菜单中的“保存到电脑”菜单项，将当前项目文件保存为“海洋保卫战-003-计分”，如图6-42所示。

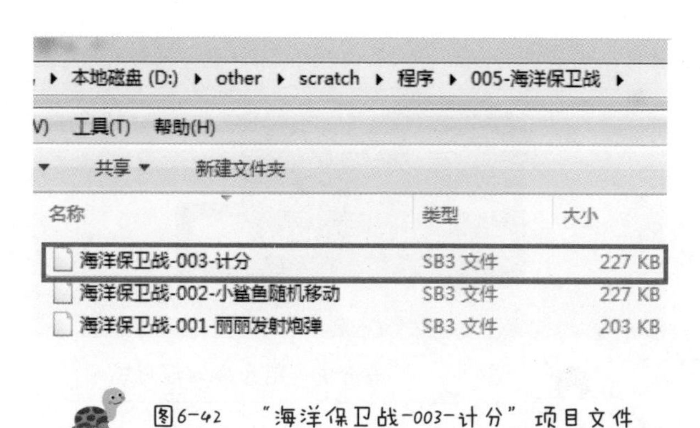

图6-42 “海洋保卫战-003-计分”项目文件

接下来复制“海洋保卫战-003-计分”到bk文件夹中做一个备份，如图6-43所示。

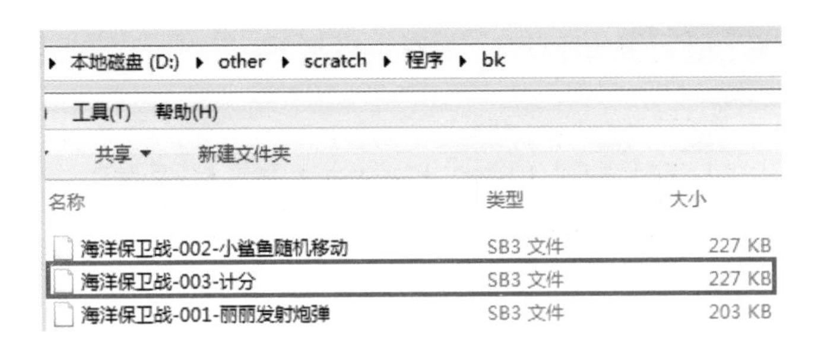

图6-43 “海洋保卫战-003-计分”项目文件备份

小结

今天我们实现了计分功能，同时还进行了★先分析再编程、★先复制再修改、★万事开头初始化、★取名要规范、★即时验证、★及时保存与定期备份的习惯养成练习。这些习惯对编程非常有帮助，我们在后续的项目中还要加强练习。

6.5 第19天：添加音效和动画

今天我们为游戏添加音效和动画，在编写代码之前，我们先分析要增加哪些音效和动画，养成★先分析再编程的好习惯。总的来说，我们需要为游戏添加以下音效和动画。

- 背景音乐。
- 小鲨鱼被击中时的音效和动画。
- 丽丽被攻击时的音效和动画。
- 游戏过关和游戏失败的音效。

有了上面的分析，我们就可以开始编程了，步骤如下。

第一步：复制项目文件

我们将在“海洋保卫战 -003- 计分”的基础上编写新的代码，在编写之前我们要先复制“海洋保卫战 -003- 计分”，并重命名为“海洋保卫战 -004- 音效和动画”，养成★ 先复制再修改的好习惯，如图 6-44 所示。

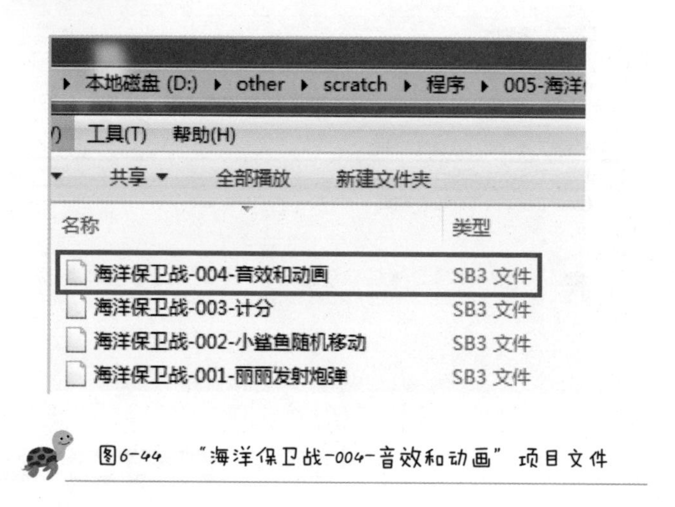

图6-44 “海洋保卫战-004-音效和动画”项目文件

第二步：添加背景音乐

打开“海洋保卫战 -004- 音效和动画”，为背景 1 增加 Cave 声音文件，如图 6-45 所示。

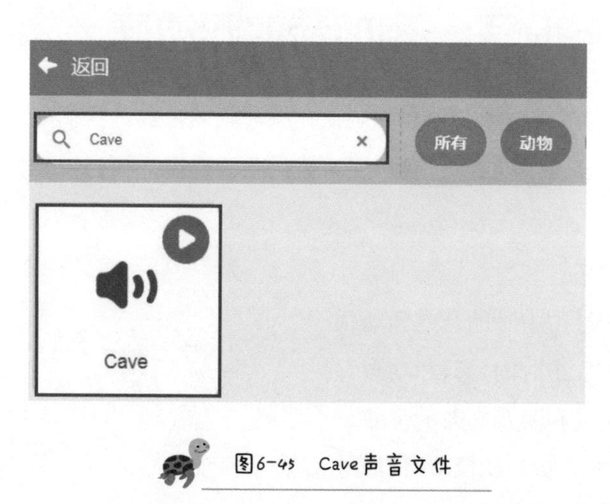

图6-45 Cave声音文件

我们在背景 1 的声音选项卡中将 Cave 声音文件的名称修改为“背景音乐”，如图 6-46 所示，养成★ 取名要规范的好习惯。单击轻一点，适当降低背景音乐的音量。

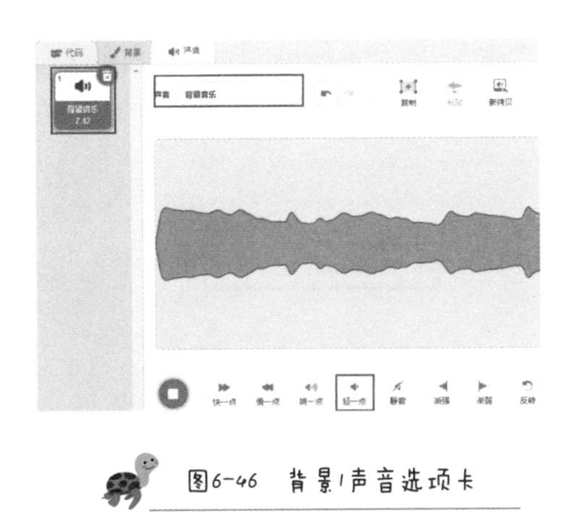

图6-46 背景1声音选项卡

为背景 1 增加循环播放背景音乐的代码，如图 6-47 所示。

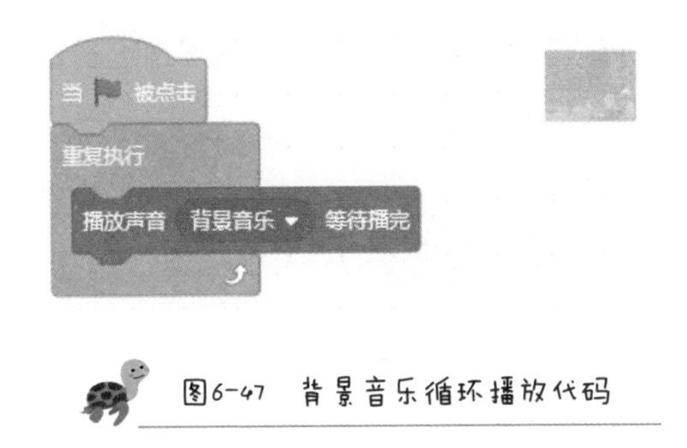

图6-47 背景音乐循环播放代码

第三步：添加小鲨鱼被击中时的音效和动画

为小鲨鱼增加 Basketball Bounce 声音文件，如图 6-48 所示。

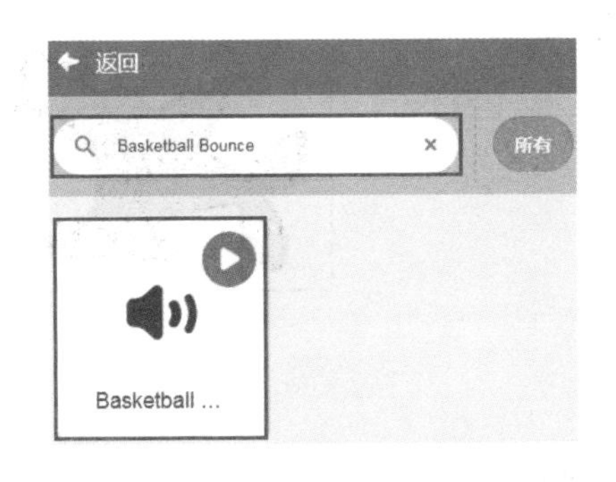

图6-48 Basketball Bounce声音文件

在小鲨鱼的声音选项卡中将 Basketball Bounce 声音文件的名字修改为“小鲨鱼被击中”，如图 6-49 所示，养成★ 取名要规范的好习惯。

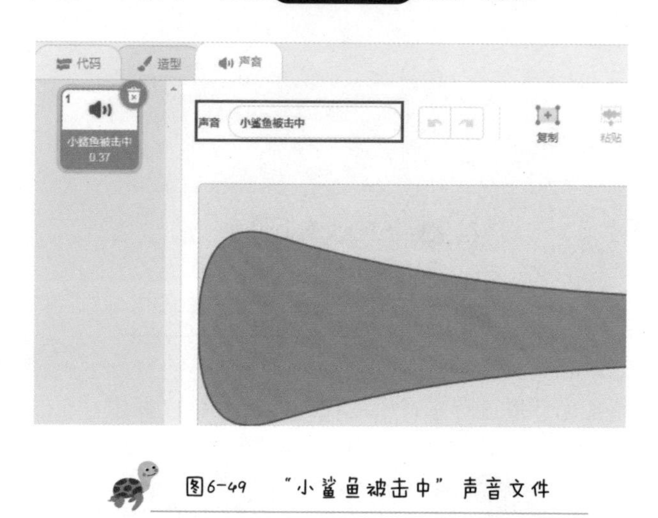

图6-49 “小鲨鱼被击中”声音文件

在小鲨鱼的造型选项卡中复制 shark2-b 造型，并将复制得到的造型重命名为“小鲨鱼被击中”，养成★ 取名要规范的好习惯，如图 6-50 中的 1 所示。然后在矢量图模式下，使用红色填充小鲨鱼的身体，如图 6-50 中的 2 所示。

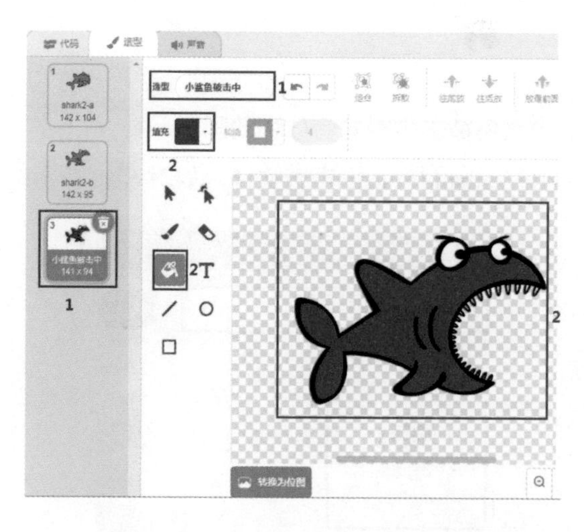

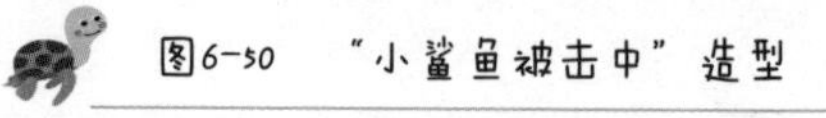
图6-50 “小鲨鱼被击中”造型

为小鲨鱼增加小鲨鱼被击中时的音效、动画的代码和说明，如图 6-51 所示。

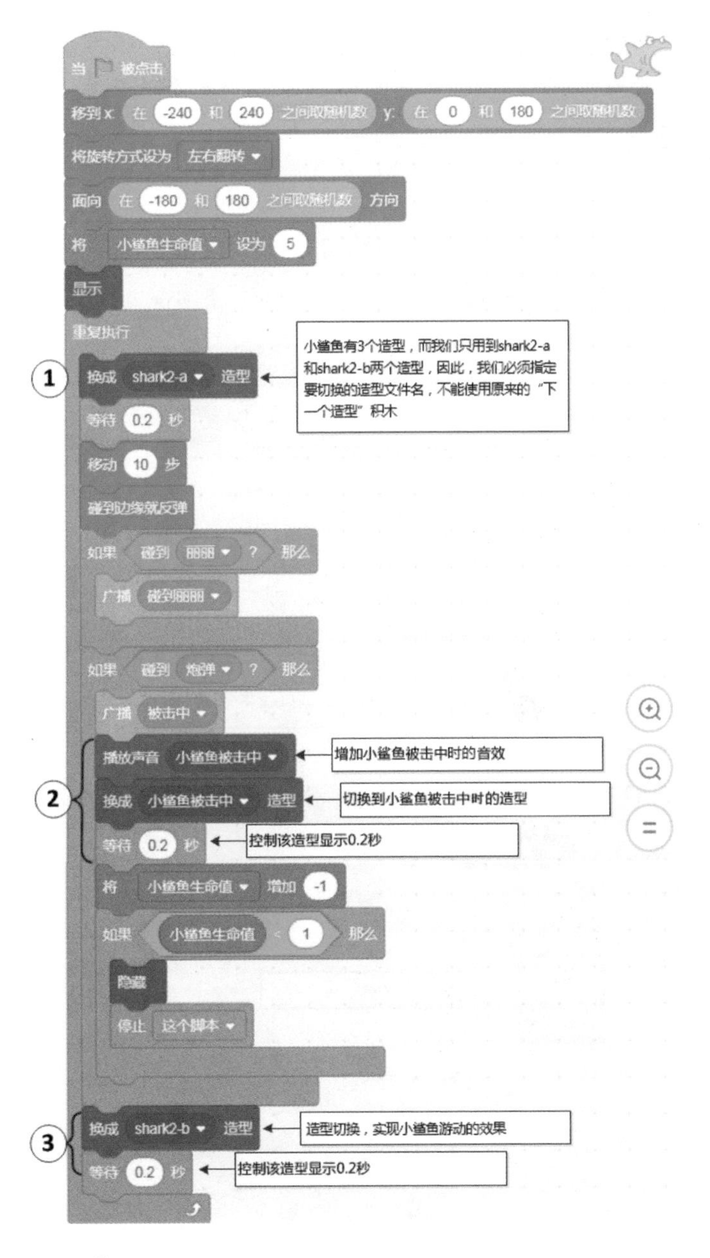

图6-51 小鲨鱼被击中时的音效、动画的代码和说明

艾叔特别提醒

上述代码完成后，我们要立即检查代码是否能正常工作，养成★ 即时验证的好习惯。

第四步：添加丽丽被攻击时的音效和动画

为丽丽增加 Glass Breaking 声音文件，如图 6-52 所示。

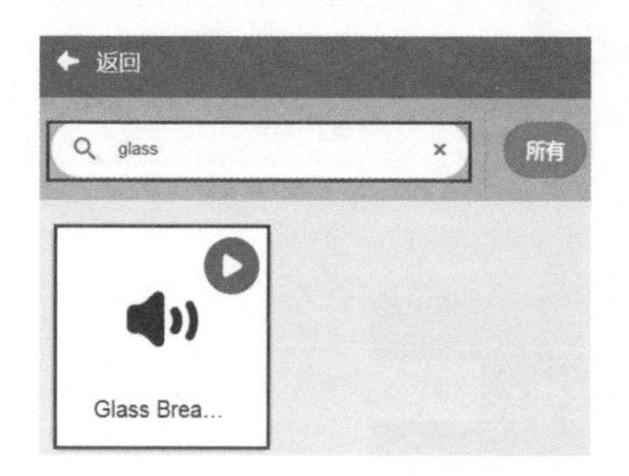

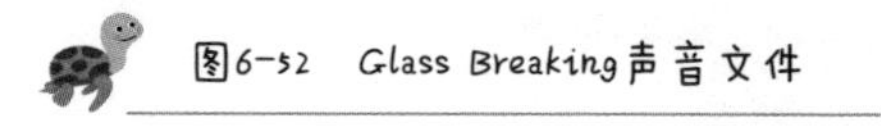
图6-52　Glass Breaking声音文件

在丽丽的声音选项卡中将 Glass Breaking 声音文件重命名为“丽丽被攻击”，如图 6-53 所示，养成★ 即时验证的好习惯。

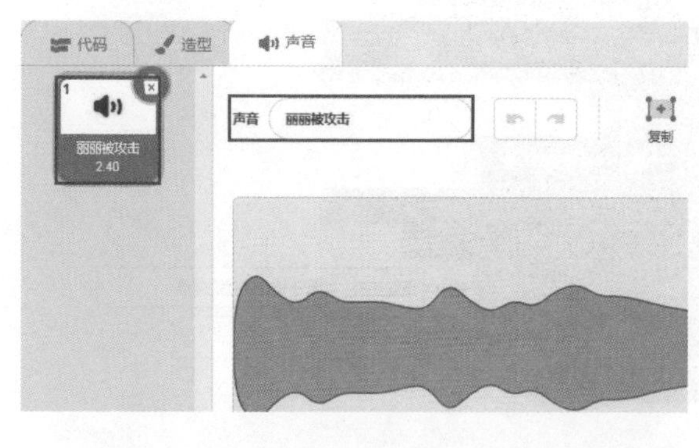

图6-53　“丽丽被攻击”声音文件

增加丽丽被攻击时的音效和动画代码，如图 6-54 所示。

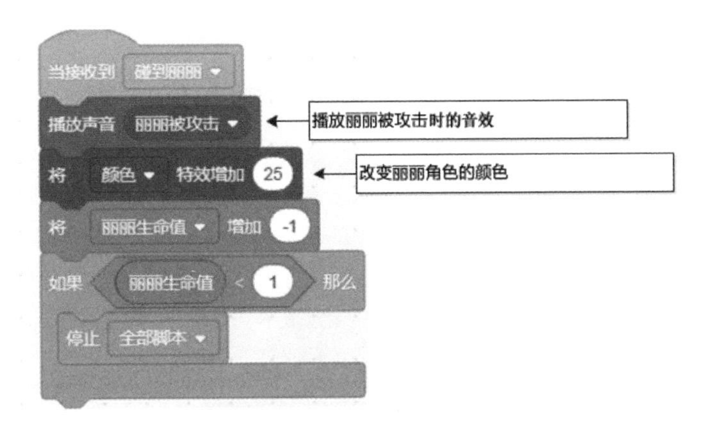

图6-54 丽丽被攻击时的音效和动画代码

艾叔特别提醒

上述代码完成后，我们要立即检查代码是否能正常工作，养成★ 即时验证的好习惯。

第五步：添加游戏成功和失败的音效

丽丽的声音选项卡中录制“游戏失败”和“恭喜过关”两个录音，如图 6-55 所示。

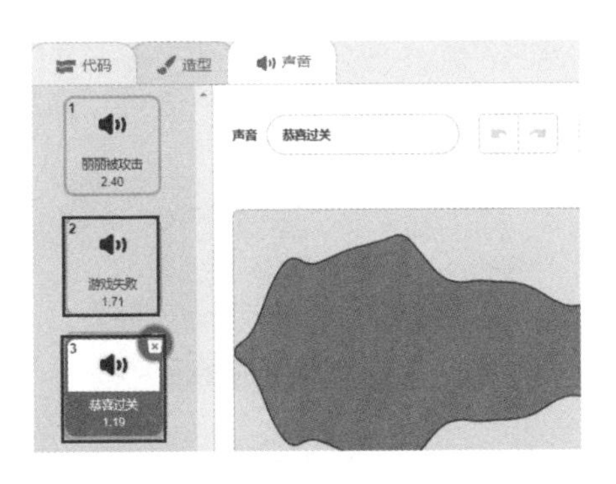

图6-55 “游戏失败”和“恭喜过关”声音文件

为丽丽增加游戏失败的声音播放代码，如图 6-56 所示。需要注意的是，我们在播放游戏失败声音前，要先广播“游戏失败”消息，通知小鲨鱼停止其脚本，以防止游戏失败后，小鲨鱼还在继续游动。

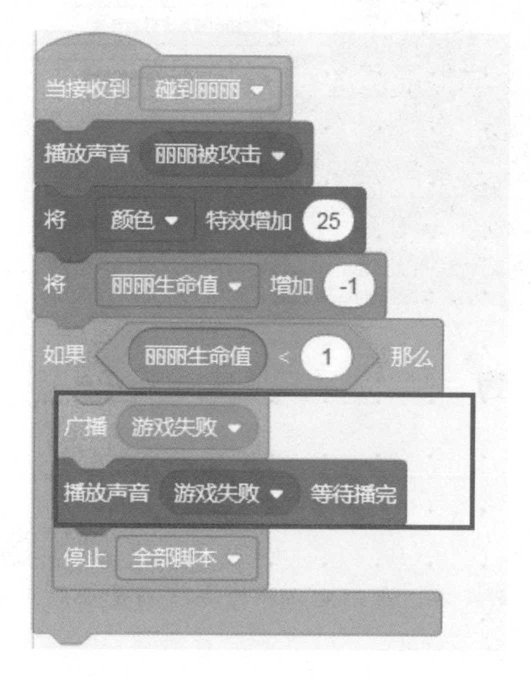

图6-56 游戏失败声音播放代码

为小鲨鱼增加游戏失败的处理代码，如图 6-57 所示，当小鲨鱼接收到“游戏失败”消息时会立即停止其脚本，而不会等待丽丽播放完游戏失败声音后再停止全部脚本。

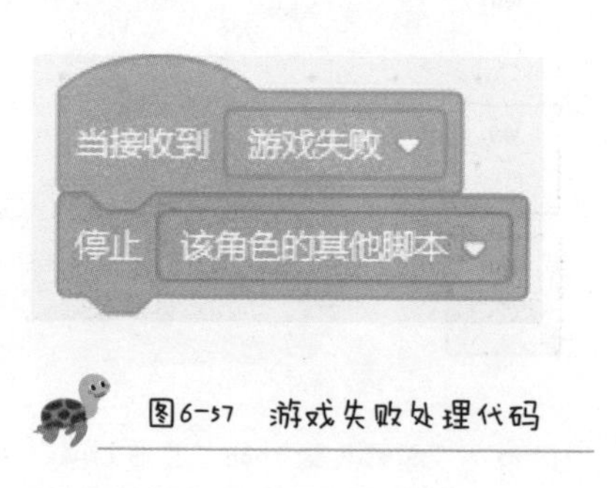

图6-57 游戏失败处理代码

为小鲨鱼增加广播“第一关通过”的代码，如图 6-58 所示。

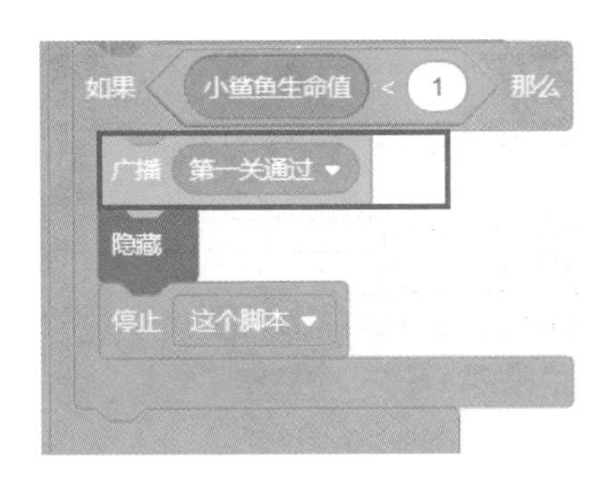

图6-58　广播“第一关通过”代码

为丽丽增加“第一关通过”的消息处理代码，如图 6-59 所示。

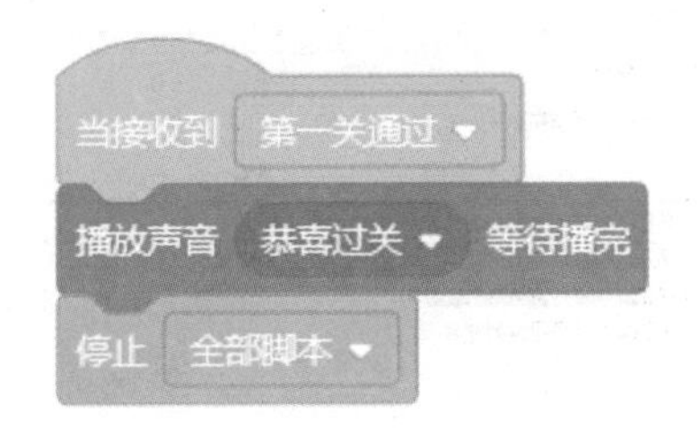

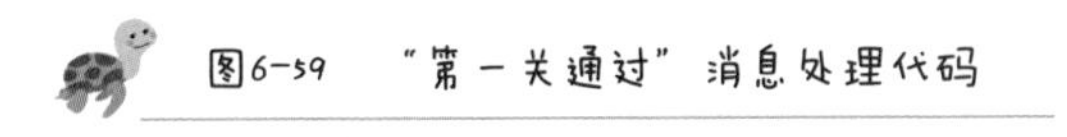
图6-59　“第一关通过”消息处理代码

艾叔特别提醒

上述代码完成后，我们要立即检查代码是否能正常工作，养成 ★ 即时验证 的好习惯。

第六步：保存和备份

至此，我们为游戏添加了音效和动画，游戏变得更加完善了。在退出之前，要记得 ★ 及时保存与定期备份，单击“文件”菜单中的“保存到电脑”菜单项，将当前项目文件保存为“海洋保卫战-004-音效和动画”，如图 6-60 所示。

本地磁盘 (D:) ▸ other ▸ scratch ▸ 程序 ▸ 005-海洋保卫战 ▸
工具(T) 帮助(H)
共享 ▾ 新建文件夹

名称	类型	大小
海洋保卫战-004-音效和动画	SB3 文件	644 KB
海洋保卫战-003-计分	SB3 文件	228 KB
海洋保卫战-002-小鲨鱼随机移动	SB3 文件	227 KB
海洋保卫战-001-丽丽发射炮弹	SB3 文件	203 KB

图6-60 “海洋保卫战-004-音效和动画”项目文件

接下来复制“海洋保卫战-004-音效和动画”到 bk 文件夹中做一个备份，如图 6-61 所示。

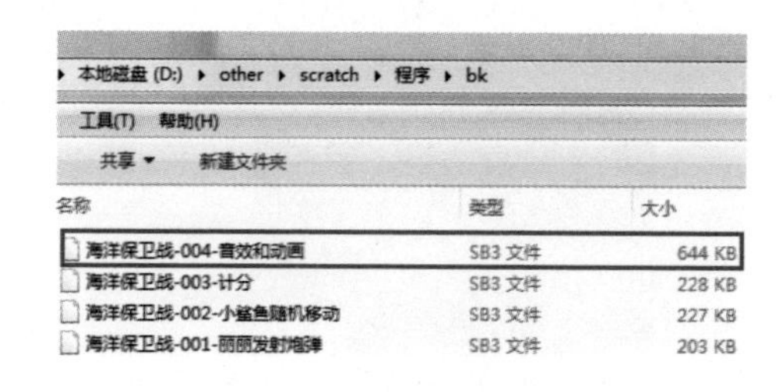

图6-61 “海洋保卫战-004-音效和动画”项目文件备份

小结

今天我们为游戏添加了音效和动画，同时还进行了★先分析再编程、★先复制再修改、★取名要规范、★即时验证、★及时保存与定期备份的习惯养成练习。这些习惯对编程非常有帮助，我们在后续的项目中还要加强练习。

扩展：为了使游戏效果更好，渲染出小鲨鱼的凶残，我们还可以克隆一些其他的小鱼在舞台区随机游动，当小鲨鱼碰到它们时，就会吃掉小鱼。

6.6 第 20 天：海洋保卫战第二关

今天我们实现游戏的第二关，在编写代码之前，我们先进行分析，养成 ★ 先分析再编程 的好习惯。我们先看第二关要实现的内容，其在 6.1 节中已有描述，说明如下。

第二关将出现 3 个小鲨鱼，每个小鲨鱼的生命值为 3，丽丽发射的炮弹打中小鲨鱼 1 次，该小鲨鱼的生命值就减 1；当小鲨鱼的生命值为 0 时，小鲨鱼就会消失，待所有的小鲨鱼都被消灭后，第二关通过。

综上所述，我们结合前面已经实现的功能，可以对第二关要实现的内容做出如下分解。

- 实现第一关到第二关的切换。
- 使用克隆的方法创建 3 个小鲨鱼。
- 创建“小鲨鱼个数”变量，初始值为 3，每消灭 1 个小鲨鱼则该变量减 1，当该变量为 0 时，第二关通过。

有了上面的分析，我们就可以开始编程了，步骤如下。

第一步：复制项目文件

我们将在“海洋保卫战 -004- 音效和动画”的基础上编写新的代码，在编写之前我们要先复制“海洋保卫战 -004- 音效和动画”，并重命名为“海洋保卫战 -005-第二关”，养成 ★ 先复制再修改 的好习惯，如图 6-62 所示。

▸ 本地磁盘 (D:) ▸ other ▸ scratch ▸ 程序 ▸ 005-海洋保卫战
工具(T) 帮助(H)
共享 ▾ 全部播放 新建文件夹

名称	类型	大小
海洋保卫战-001-丽丽发射炮弹	SB3 文件	
海洋保卫战-002-小鲨鱼随机移动	SB3 文件	
海洋保卫战-003-计分	SB3 文件	
海洋保卫战-004-音效和动画	SB3 文件	
海洋保卫战-005-第二关	SB3 文件	

图6-62 “海洋保卫战-005-第二关”项目文件

第二步：实现从第一关到第二关的切换

我们采用更换背景的方法实现从第一关到第二关的切换，这个方法实现起来很容易而且效果明显，具体步骤如下。

为背景 1 增加新的背景文件 Arctic，如图 6-63 所示。

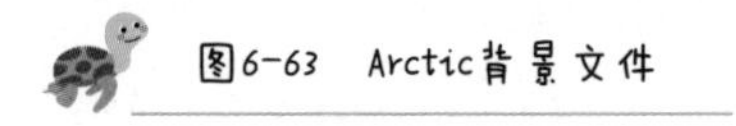
图6-63 Arctic背景文件

在背景 1 的背景选项卡中修改 Arctic 的名字为“第二关”，如图 6-64 所示，养成★ 取名要规范的好习惯。

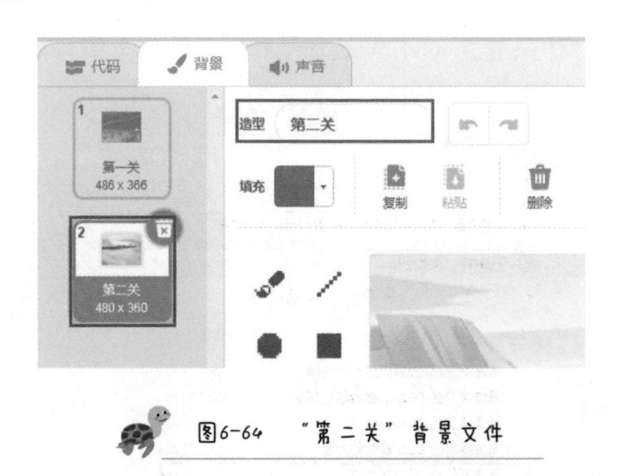

图6-64 “第二关”背景文件

为背景 1 增加背景初始化代码，固定游戏开始时的背景，如图 6-65 所示，养成★ 万事开头初始化的好习惯。

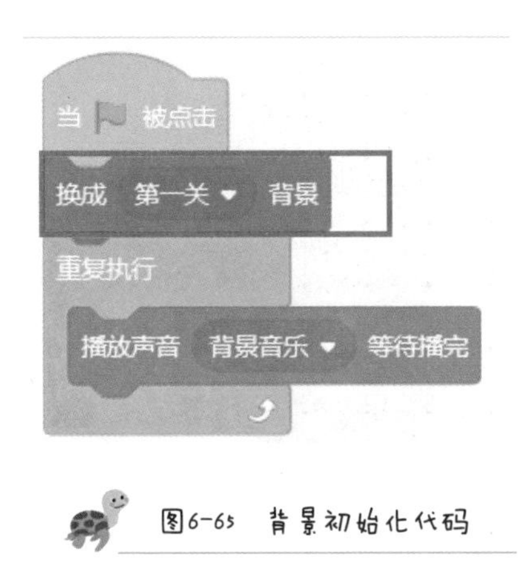

图6-65 背景初始化代码

为丽丽增加第一关切换代码，如图 6-66 所示，注意原来代码中的“停止全部脚本”要去掉，因为在第一关结束后马上要进入第二关。

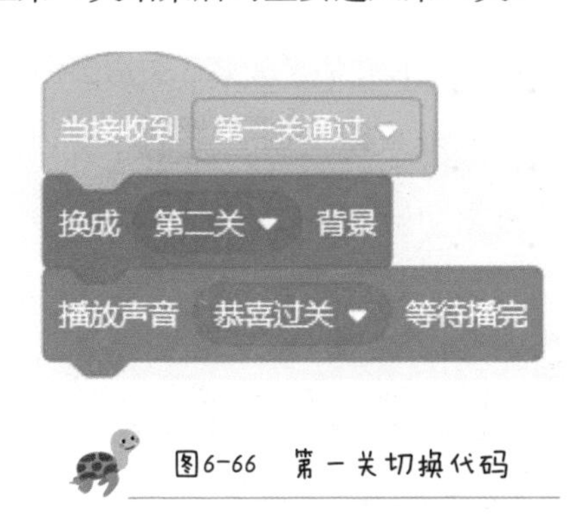

图6-66 第一关切换代码

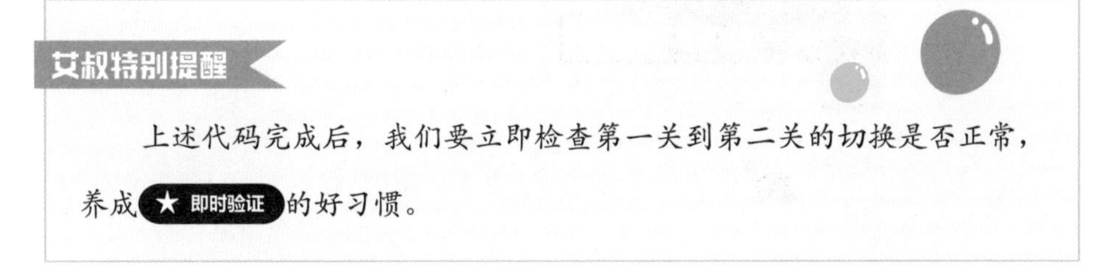

艾叔特别提醒

上述代码完成后，我们要立即检查第一关到第二关的切换是否正常，养成★即时验证的好习惯。

第三步：克隆小鲨鱼

为小鲨鱼增加第二关的初始化和小鲨鱼克隆代码，如图 6-67 所示。

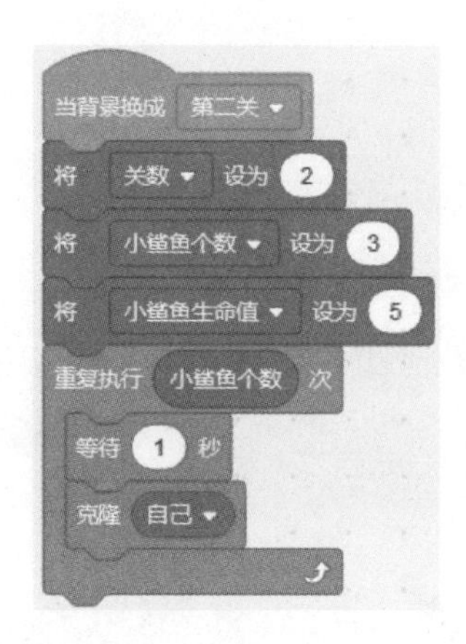

图6-67 第二关初始化和小鲨鱼克隆代码

我们还在小鲨鱼角色中新建了变量“关数”和“小鲨鱼个数”，它们的适用范围都是“适用于所有角色”，并且在切换成第二关后会立即初始化。我们还对“小鲨鱼生命值”进行了初始化，养成★万事开头初始化的好习惯。此外，我们还要在🏁被单击时，将“关数”变量初始化为1，如图6-68所示。

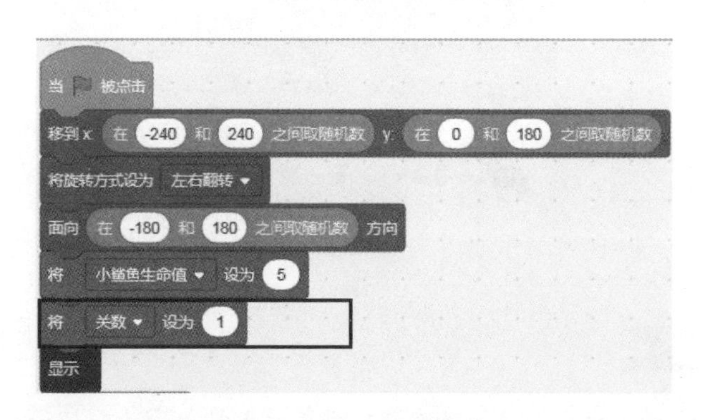

图6-68 “关数”变量初始化代码

接下来在小鲨鱼角色中增加小鲨鱼克隆体启动后的代码，其代码和第一关小鲨鱼移动的代码类似，主要不同在于增加了判断第二关是否已通过的功能，以及当小鲨鱼克隆体的生命值为0时删除该克隆体的功能，如图6-69所示。

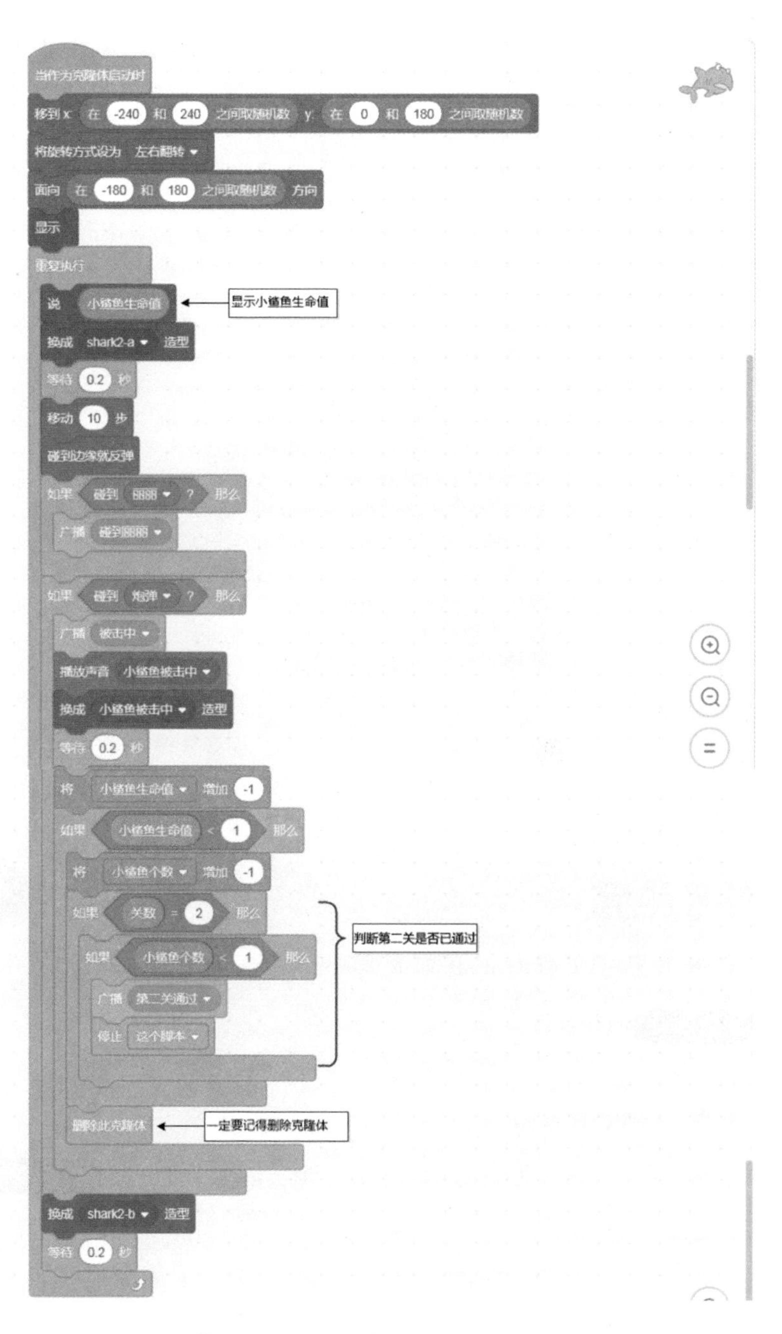

图6-69 小鲨鱼克隆体代码

艾叔特别提醒

小鲨鱼克隆体被消灭后，一定要删除其克隆体，否则其占用的电脑资源仍然没有释放。

为丽丽增加“第二关通过”消息处理代码，如图 6-70 所示。后续我们实现第三关时，可以在此切换到第三关的背景。

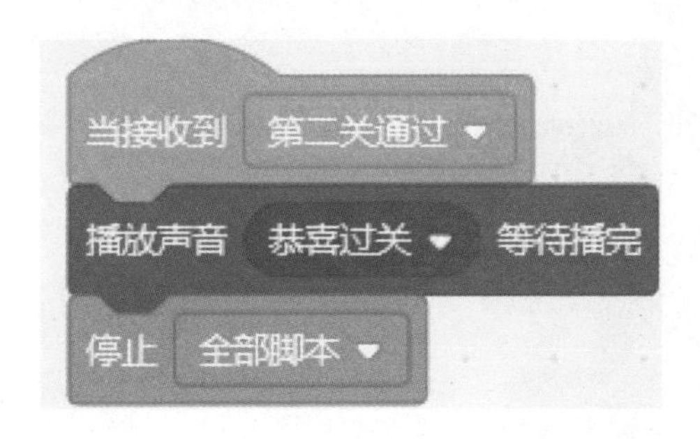

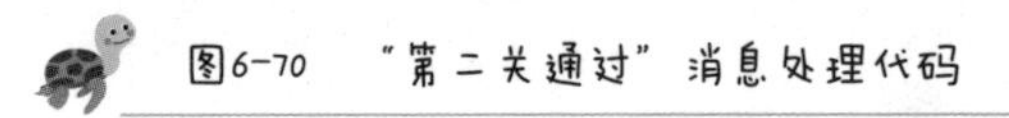
图6-70 “第二关通过”消息处理代码

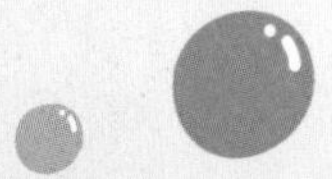

艾叔特别提醒

上述代码完成后，我们要立即检查代码是否能正常工作，养成 ★ 即时验证 的好习惯。

第四步：保存和备份

至此，我们实现了游戏的第二关。在退出之前，要记得 ★ 及时保存与定期备份，单击“文件”菜单中的“保存到电脑”菜单项，将当前项目文件保存为“海洋保卫战 -005- 第二关”，如图 6-71 所示。

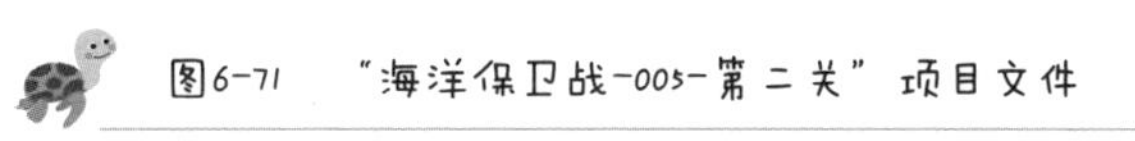
图6-71 “海洋保卫战-005-第二关”项目文件

接下来复制“海洋保卫战 -005- 第二关”到 bk 文件夹中做一个备份，如图 6-72 所示。

▸ 本地磁盘 (D:) ▸ other ▸ scratch ▸ 程序 ▸ bk
工具(T) 帮助(H)
共享 ▾ 新建文件夹

名称	类型	大小
海洋保卫战-005-第二关	SB3 文件	865 KB
海洋保卫战-004-音效和动画	SB3 文件	644 KB
海洋保卫战-003-计分	SB3 文件	228 KB
海洋保卫战-002-小鲨鱼随机移动	SB3 文件	227 KB
海洋保卫战-001-丽丽发射炮弹	SB3 文件	203 KB

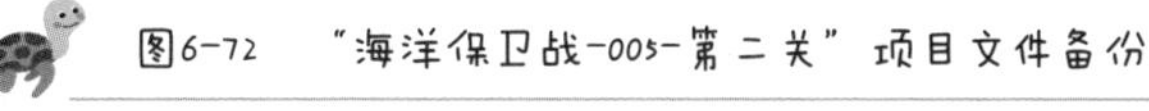
图6-72 “海洋保卫战-005-第二关”项目文件备份

小结

今天我们实现了游戏的第二关，同时还进行了★先分析再编程、★先复制再修改、★万事开头初始化、★取名要规范、★即时验证、★及时保存与定期备份的习惯养成练习。这些习惯对编程非常有帮助，我们在后续的项目中还要加强练习。

6.7 第 21 天：海洋保卫战第三关

今天我们实现游戏的第三关，在编写代码之前，我们先进行分析，养成★先分析再编程的好习惯。我们先看第三关要实现的内容，其在 6.1 节中已有描述，说明如下。

第三关将出现 5 个小鲨鱼和 1 个章鱼怪，每个小鲨鱼的生命值为 5，章鱼怪的生命值为 10。章鱼怪还会发射海星子弹，章鱼怪和海星子弹都可以攻击丽丽，章鱼怪每被丽丽发射的炮弹击中 1 次，其生命值就减 1，当章鱼怪的生命值为 0 时，则游戏胜利。

综上所述，我们结合前面已经实现的功能，可以对第三关要实现的内容做出如下分解。

- 实现第二关到第三关的切换。
- 使用克隆的方法创建 5 个小鲨鱼，每个小鲨鱼的生命值为 5。
- 新建章鱼怪角色，并实现章鱼怪发射海星子弹的功能。
- 实现章鱼怪的计分功能，如果章鱼怪或者它发射的海星子弹击中丽丽，则丽丽的生命值减 1；如果丽丽发射的炮弹击中章鱼怪，则章鱼怪的生命值减 1；如果丽丽发射的炮弹击中海星子弹，则两者都消失。
- 增加章鱼怪相关的音效和动画。

有了上面的分析，我们就可以开始编程了，步骤如下。

第一步：复制项目文件

我们将在“海洋保卫战 -005- 第二关”的基础上编写新的代码，在编写代码之前我们要先复制“海洋保卫战 -005- 第二关”并重命名为“海洋保卫战 -006- 第三关”，养成★ 先复制再修改的好习惯，如图 6-73 所示。

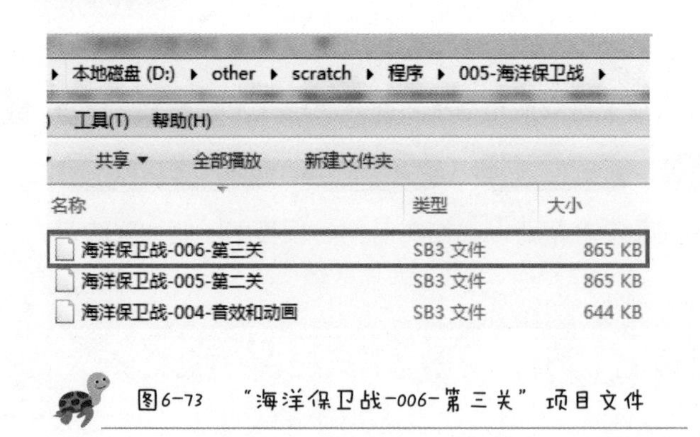

图6-73 “海洋保卫战-006-第三关”项目文件

第二步：实现从第二关到第三关的切换

我们采用更换背景的方法实现从第二关到第三关的切换，这个方法实现起来很容易而且效果明显，具体步骤如下。

为背景 1 增加新的背景文件 Underwater 2，如图 6-74 所示。

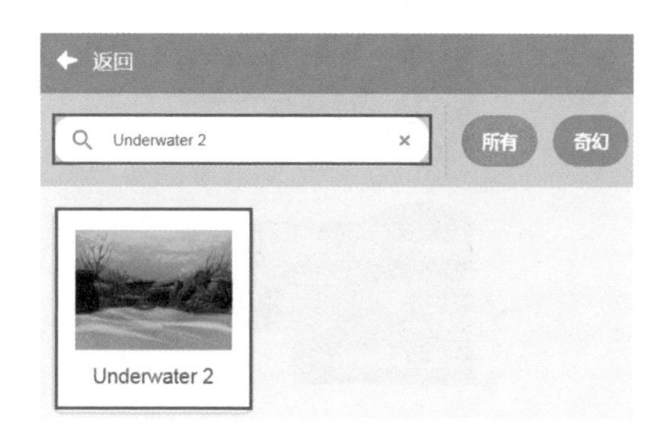

图6-74 Underwater 2背景文件

在背景 1 的背景选项卡中修改 Underwater 2 的名字为“第三关”，养成的好习惯，如图 6-75 所示。

★ 取名要规范

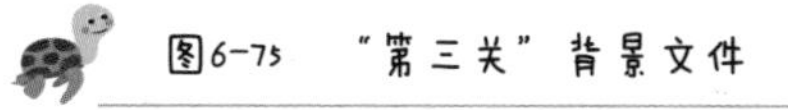
图6-75 “第三关”背景文件

为丽丽增加“第二关通过”和“第三关通过”的处理代码，如图 6-76 所示。其中第二关通过后，“停止全部脚本”的积木需要去掉，我们还需要新建广播消息“第三关通过”。

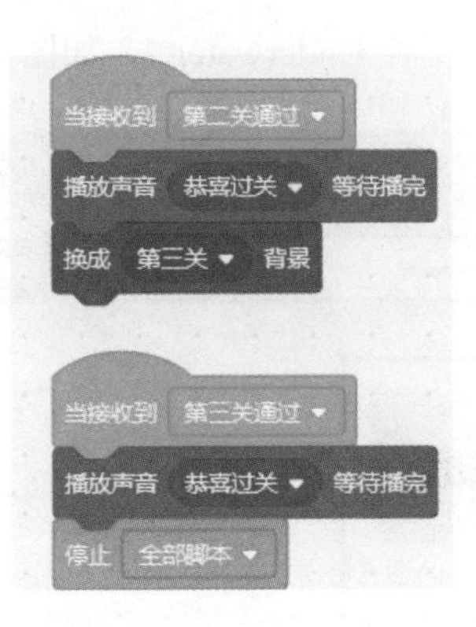

图6-76 “第二关通过”和“第三关通过”处理代码

第三步：克隆 5 个小鲨鱼

为小鲨鱼增加克隆代码，当背景切换为第三关时克隆 5 个小鲨鱼，如图 6-77 所示，我们还要将“关数”变量的初始值设置为 3，“小鲨鱼个数”的初始值设置为 5，“小鲨鱼生命值”的初始值设置为 5，养成★ 万事开头初始化的好习惯。

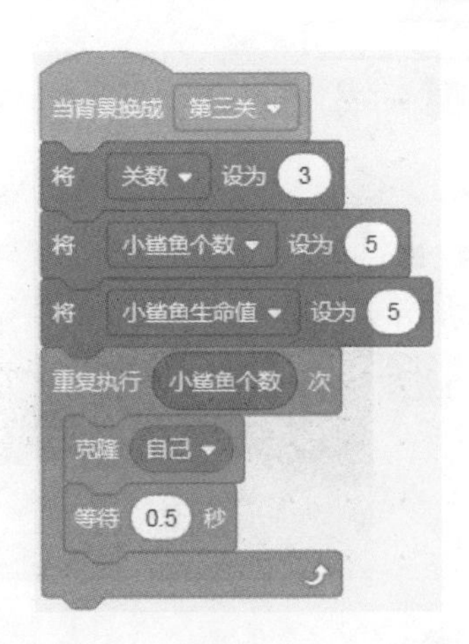

图6-77 第三关克隆小鲨鱼代码

我们还要去除小鲨鱼克隆体的“第二关通过”处理代码中的 停止 这个脚本 ，如图 6-78 所示，否则在切换到第三关时，会留存有第二关的一个小鲨鱼克隆体。

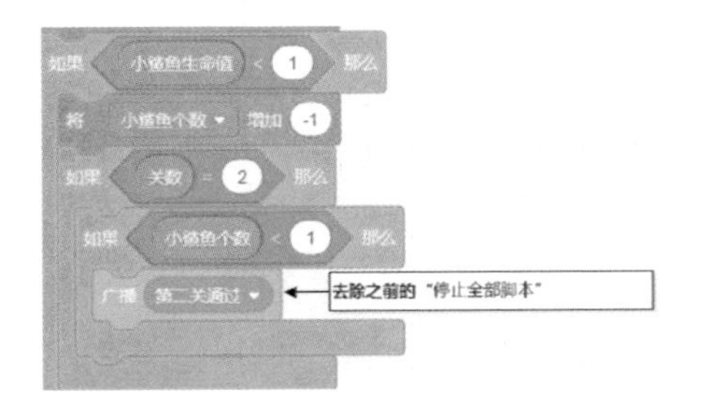

图6-78 “第二关通过”处理代码

第四步：增加章鱼怪角色

新增章鱼怪角色，如图 6-79 所示。

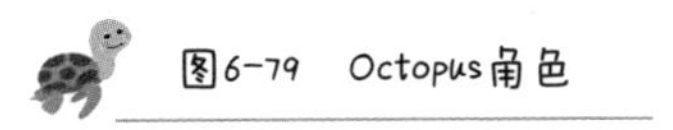

图6-79 Octopus角色

将 Octopus 角色重命名为“章鱼怪”，并修改其“大小”为 80，如图 6-80 所示。

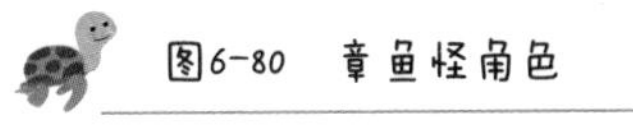

图6-80 章鱼怪角色

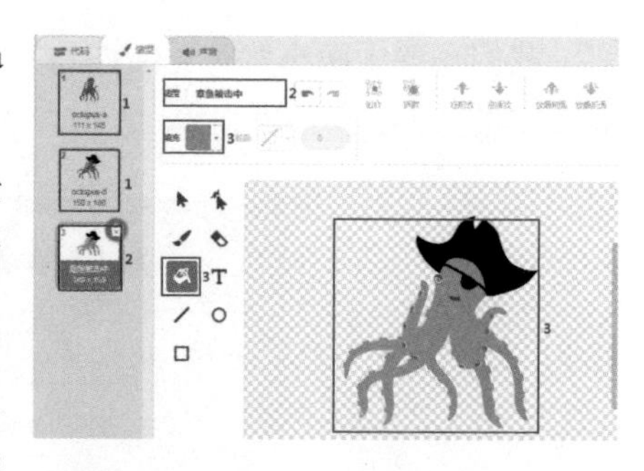

图 6-81 章鱼怪造型选项卡

在章鱼怪造型选项卡中保留 octopus-a 和 octopus-d 造型，如图 6-81 中的 1 所示；复制 octopus-d 造型，并将其重命名为“章鱼被击中”，如图 6-81 中的 2 所示；使用绿色填充章鱼怪被击中时的造型，如图 6-81 中的 3 所示。

增加章鱼怪的初始化代码，如图 6-82 所示。一开始的时候章鱼怪是隐藏的，我们还要新建“章鱼怪生命值”变量，它的适用范围是“仅适用于当前角色”，初始值是 10。

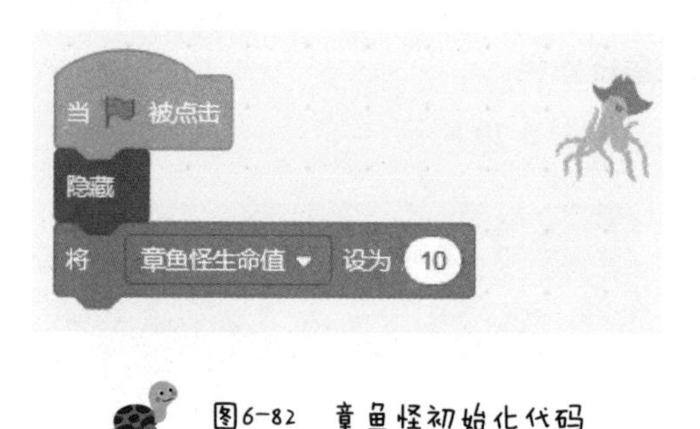

图6-82 章鱼怪初始化代码

在章鱼怪声音选项卡中增加 Basketball Bounce 声音文件，并将其重命名为“被击中”，养成★ 取名要规范的好习惯，如图 6-83 所示。

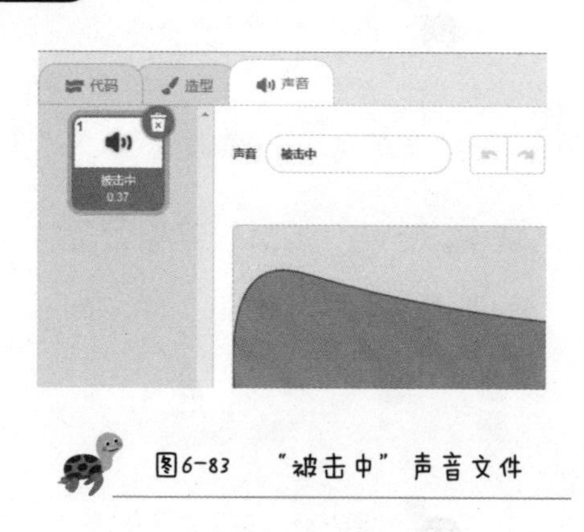

图6-83 “被击中”声音文件

为章鱼怪增加处理代码，该代码在背景换成第三关时执行，如图 6-84 所示。

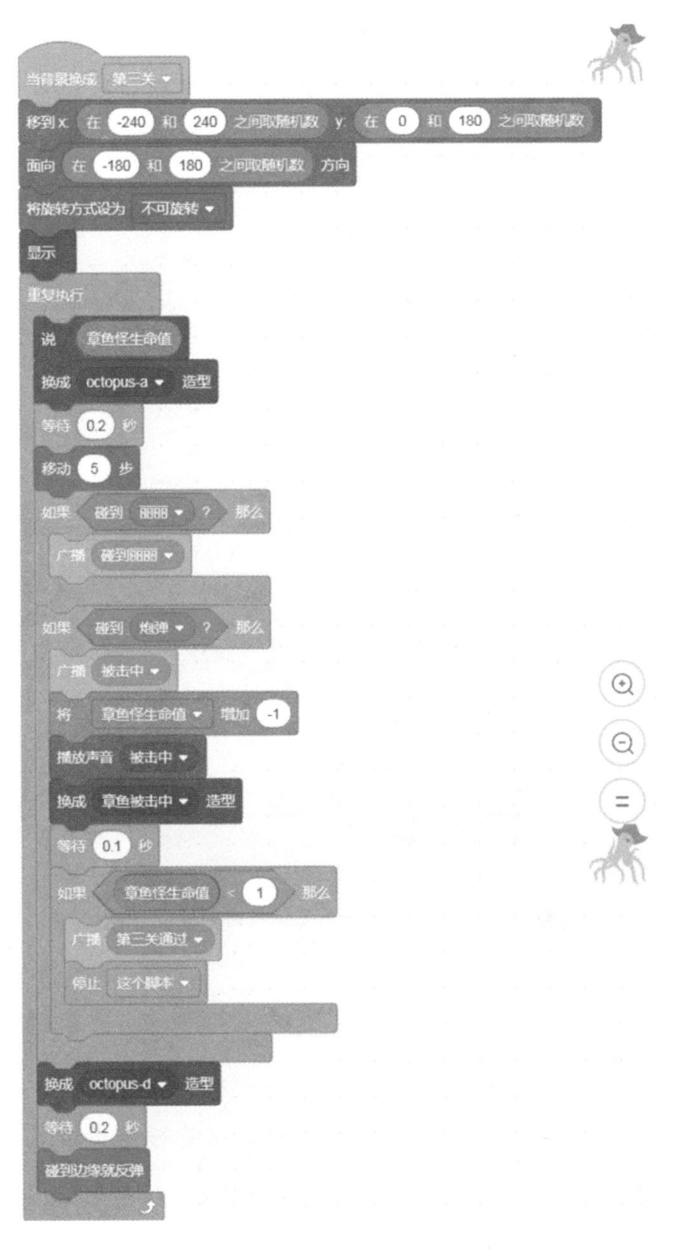

图6-84 章鱼怪处理代码

为炮弹增加击中章鱼怪时的处理代码，如图 6-85 所示。

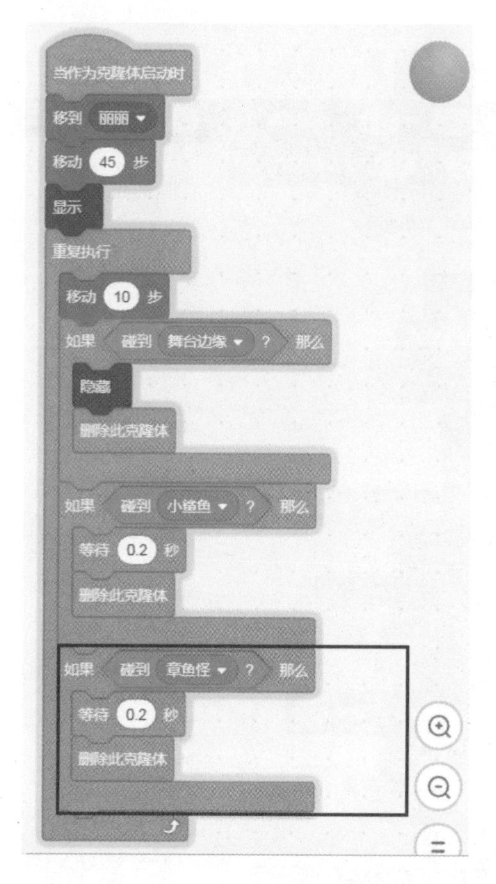

图6-85 炮弹击中章鱼怪时的处理代码

艾叔特别提醒

上述代码完成后，我们要立即检查代码是否能正常工作，养成★ 即时验证的好习惯。同时我们还要将当前项目文件保存为本地文件，养成★ 及时保存与定期备份的好习惯。

第五步：**增加海星角色**

新增章鱼怪发射的海星角色，如图 6-86 所示。

图6-86 Starfish角色

将 Starfish 角色重命名为“海星”，同时修改其“大小”为 20，如图 6-87 所示。

图6-87 海星角色

为海星增加初始化代码，海星一开始要处于隐藏状态，养成 ★ 万事开头初始化 的好习惯，如图 6-88 所示。

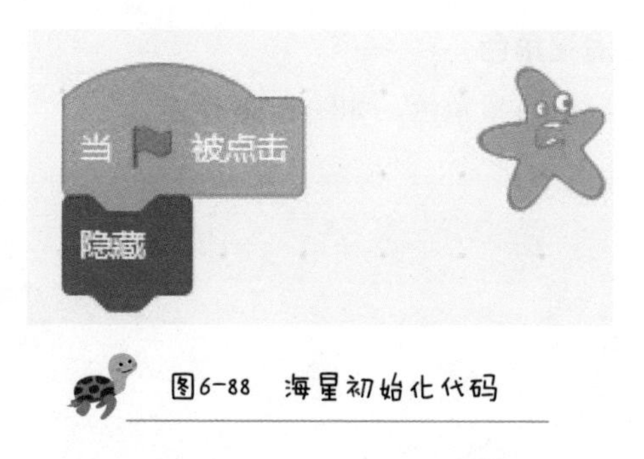

图6-88 海星初始化代码

为海星增加克隆体生成代码，代码中我们使用随机数积木来控制海星克隆体的生成速度，具体代码和说明如图 6-89 所示。

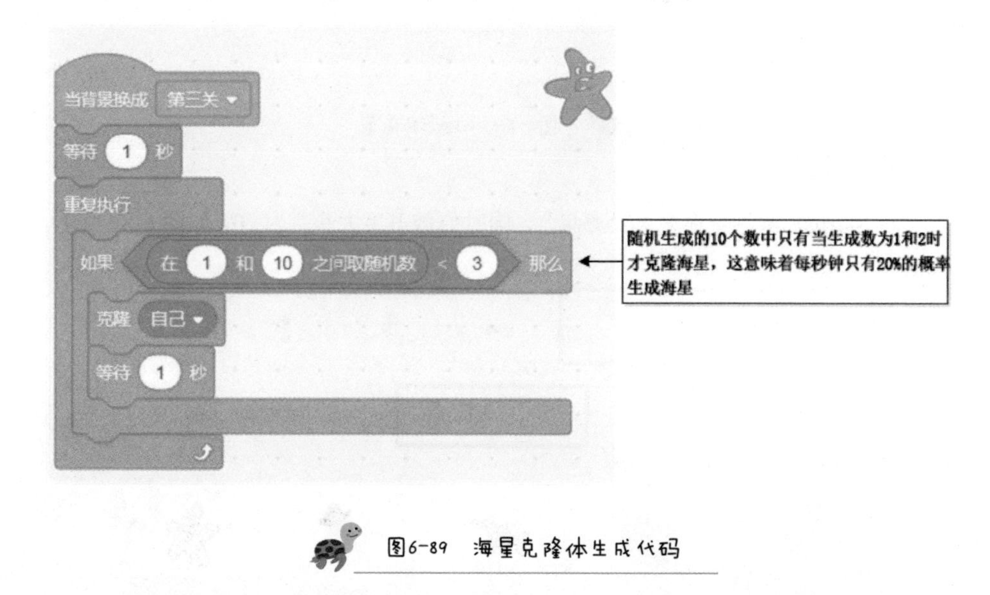

图6-89 海星克隆体生成代码

接下来为海星增加克隆体代码，该代码将实现海星从章鱼怪身上发射出来，并随机移动，同时还要对海星碰到丽丽和炮弹分别处理，具体代码如图 6-90 所示。

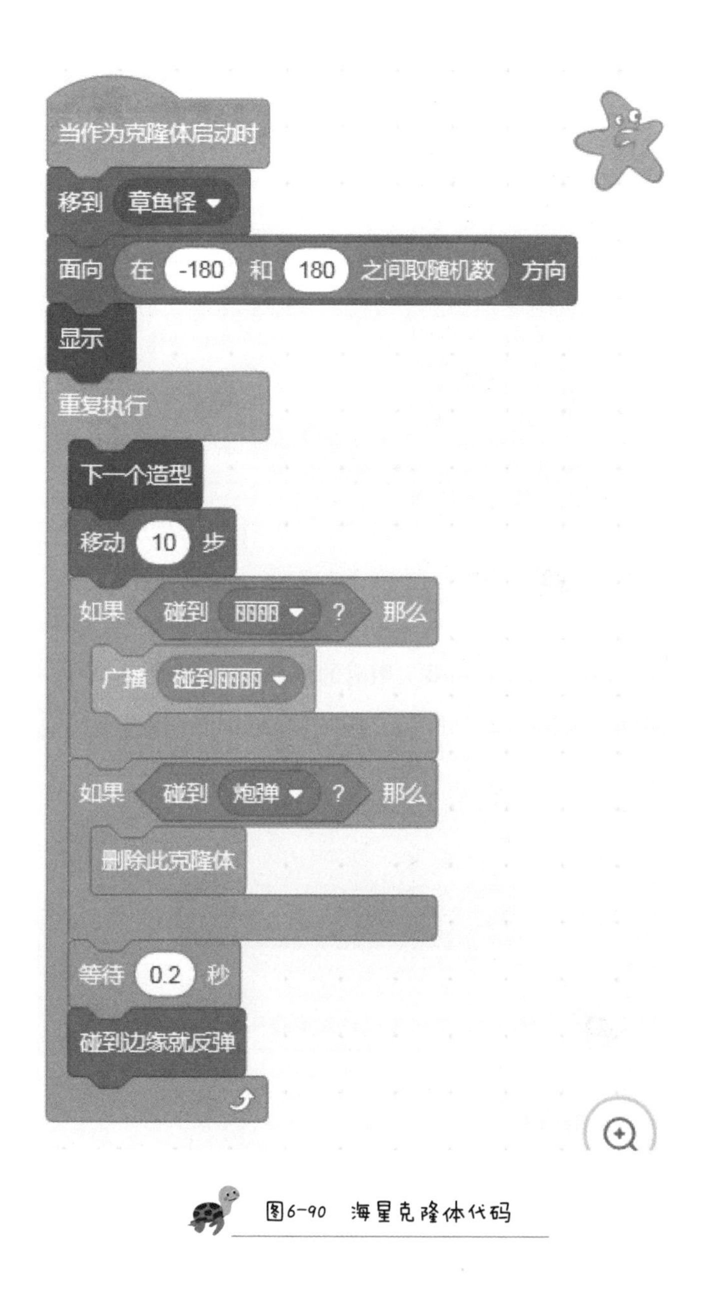

图6-90 海星克隆体代码

还要为炮弹增加击中海星时的处理代码，具体如图 6-91 中的 1 所示。

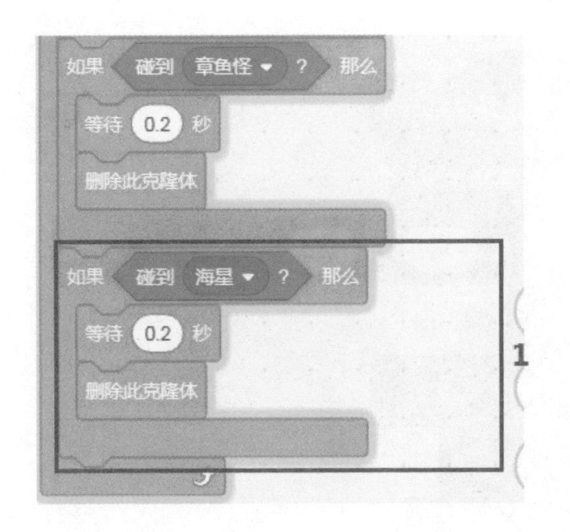

图6-91 炮弹击中海星时的处理代码

最后为章鱼怪和海星增加游戏失败时的处理代码，如图 6-92 所示，这样可以防止章鱼怪和海星在游戏失败到停止全部脚本的间隔时间内继续移动。

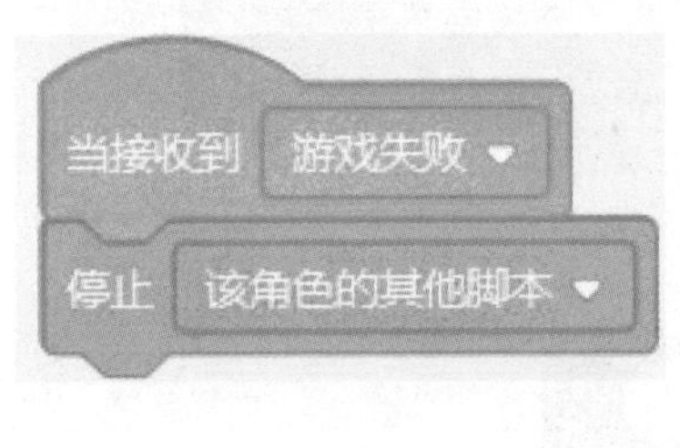

图6-92 游戏失败时章鱼怪和海星的处理代码

第六步：保存和备份

至此，我们实现了游戏的第三关。在退出之前，要记得★ 及时保存与定期备份，单击“文件”菜单中的“保存到电脑”菜单项，将当前项目文件保存为“海洋保卫战 -006- 第三关”，如图 6-93 所示。

本地磁盘 (D:) ▸ other ▸ scratch ▸ 程序 ▸ 005-海洋保卫战 ▸

工具(T) 帮助(H)

共享 ▾ 全部播放 新建文件夹

名称	类型	大小
海洋保卫战-006-第三关	SB3 文件	1,190 KB
海洋保卫战-005-第二关	SB3 文件	865 KB
海洋保卫战-004-音效和动画	SB3 文件	644 KB
海洋保卫战-003-计分	SB3 文件	228 KB
海洋保卫战-002-小鲨鱼随机移动	SB3 文件	227 KB
海洋保卫战-001-丽丽发射炮弹	SB3 文件	203 KB

图6-93 “海洋保卫战-006-第三关”项目文件

接下来复制“海洋保卫战 -006- 第三关”到 bk 文件夹中做一个备份，如图 6-94 所示。

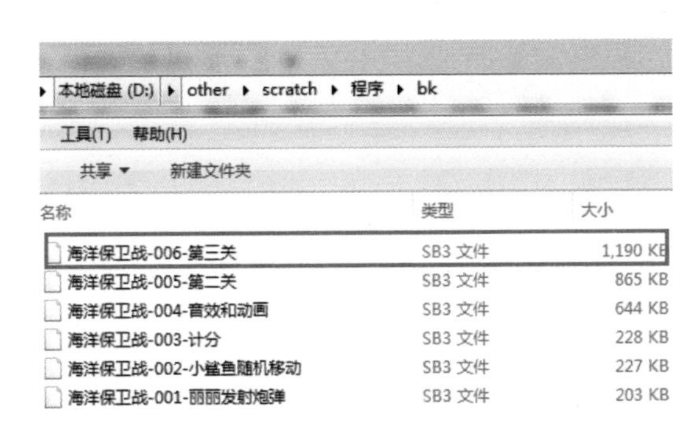

图6-94 “海洋保卫战-006-第三关”项目文件备份

小结

今天我们实现了游戏的第三关，同时还进行了 ★ 先分析再编程 、 ★ 先复制再修改 、 ★ 万事开头初始化 、 ★ 取名要规范 、 ★ 即时验证 、 ★ 及时保存与定期备份 的习惯养成练习。这些习惯对编程非常有帮助，我们在后续的项目中还要加强练习。

附录

A.1 Scratch 编程基本概念

1. Scratch 编程语言

编程语言是专门讲给电脑听的语言，Scratch 就是其中一种。如果我们学会了韩语，就可以和韩国人聊天；如果我们学会了英语，就可以和美国人聊天；同样地，如果我们学会了 Scratch，就可以和电脑说话，让电脑按照我们的想法工作。

艾叔特别提醒

我们这里说的电脑，不仅仅指大块头的台式电脑，还包括笔记本电脑、手机和平板电脑等。

例如 播放声音 Pop 就是 Scratch 语言中的一句话，当我们输入它时，就相当于对电脑说出“播放声音 Pop”这句话，电脑能够听懂这句话，并播放 Pop 声音文件，这样我们和电脑就能够进行沟通了。因此，Scratch 语言是一种专门讲给电脑听的语言。

大家可能会想，家里的智能音箱不是也能听懂我们讲的话吗？何必还要用 Scratch 呢？这是因为虽然电脑比以前更加聪明了，它能够听懂我们说的简单句子，例如“定个闹钟”“播放一首歌”等，但如果我们跟它说“做个游戏”，电脑就不知道该怎么办了，到底要做个什么游戏、有些什么情节、有几个关卡、如何实现等，面对这些问题电脑会无法处理。所以，如果我们要让电脑一丝不苟、完完全全地按我们的想法工作，就必须使用编程语言。

2. 编程与 Scratch 程序

什么是编程呢？

编程就是把我们想要电脑做的事情和想要电脑完成的任务，用编程语言描述出来。就像写作文一样，把任务写成一段话，然后让电脑去读这篇“作文”，并根据“作文”的内容执行任务。

我们把这个写“作文”的过程称为编程，而我们使用 Scratch 编写的这一篇“作文”就是 Scratch 程序。

3. Scratch 编程工具

当然，电脑毕竟和我们人类不同，和它说话不能简单地用嘴巴，而是要用特殊的工具，这种特殊的工具我们称为编程工具。因此，如果我们要用 Scratch 语言同电脑说话，那么就要使用专门的 Scratch 编程工具。Scratch 编程工具也是一个软件，目前 Scratch 编程工具最新的版本是 3.*x*，后续会有详细介绍。

4. Scratch 程序的运行

Scratch 编程工具可以读懂 Scratch 程序，并忠实地完成每句话所交代的任务，例如显示图片、播放声音和动画等，我们把这个过程称为 Scratch 程序的运行。Scratch 程序的运行就好比一场演出，它将在图 A-1 所示的舞台上运行。

图A-1 Scratch程序运行界面

5. Scratch 项目 / 作品

我们在使用 Scratch 编程时，不仅要写上对电脑说的话（代码），还要加入图片、声音等相关资源，这样，Scratch 程序才能够正常运行。如果 Scratch 程序在播放声音时没有声音文件，那么这个 Scratch 程序就不能够正常运行。

因此，我们把 Scratch **程序及其相关资源的集合称为“Scratch 项目”**，这个命名在 Scratch 3.0 的早期版本和 Scratch 2.0 中就是这么用的，但新版本的 Scratch 3.0 将“Scratch 项目”翻译成了“Scratch 作品”。按照传统习惯，**本书仍将其统称为“Scratch 项目”。**

“Scratch 项目”位于电脑的内存中，我们可以将它保存为文件，这个文件就是“Scratch **项目文件**”。这样，即使电脑没电或者系统崩溃等，只要我们能够找到这个 Scratch 项目文件，就依然可以编辑和运行之前的程序。

Scratch 3.0的项目文件以.sb3作为后缀名，Scratch 2.0的项目文件的后缀名则是.sb2。

6. 角色

如果我们把 Scratch 程序的运行比作一场演出，那么有演出就会有演员，Scratch 把这些演员称为角色。图 A-1 中的小猫就是一个角色。我们可以为 Scratch 程序添加多个角色，如图 A-2 所示。

图A-2　多个Scratch角色

7. 积木 / 指令 / 代码

Scratch中每个角色所能听懂的话就是一块块积木（也叫指令或代码），如图 A-3 所示。不同类型的积木用不同的颜色表示，例如蓝色的积木就和移动相关，其中 移动 10 步 就是告诉角色（演员）在舞台区中移动 10 步的距离。我们编程就是选择合适的积木并将其拖动到代码编辑区，然后构成一组积木（统称为代码）来控制这个角色，让角色按照我们的想法做动作，例如图 A-4 所示的代码就实现了让小猫在舞台区中左右移动。

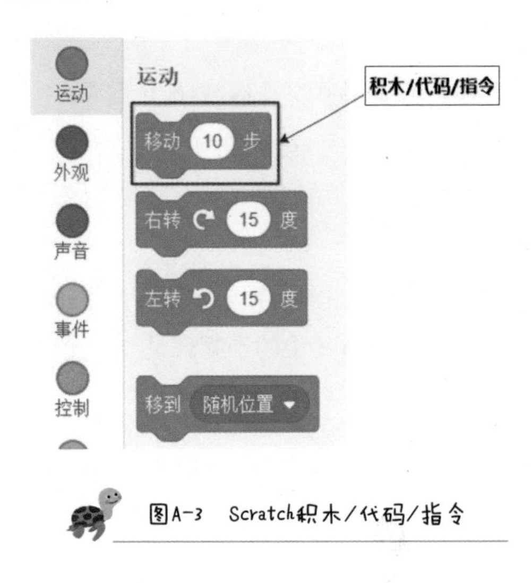

图A-3 Scratch积木/代码/指令

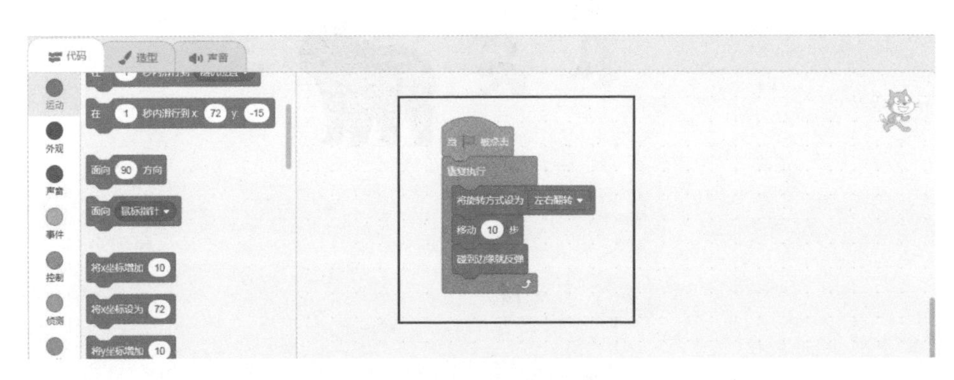

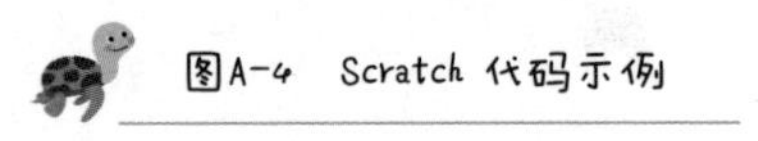
图A-4 Scratch 代码示例

8. 造型

每个演员在演出时可能需要换多套服装或化多次妆以展示不同的造型，Scratch 中的角色也有不同的造型，图 A-5 所示的小猫角色就有两个造型。

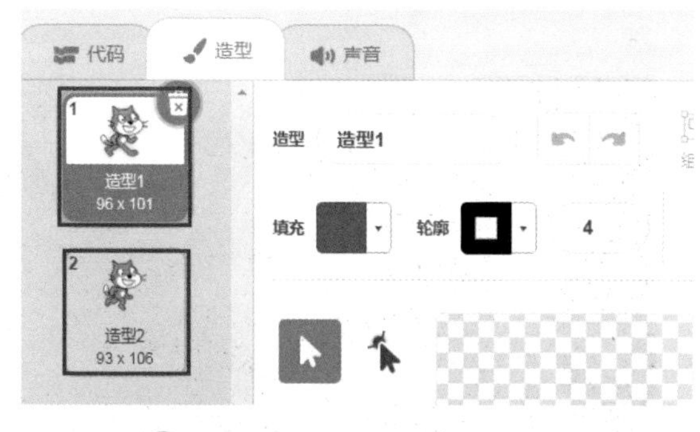

图A-5 Scratch 造型选项卡

9. 声音

我们还可以为每个角色添加声音文件，从而让它在做动作时按照我们的想法发出声音，图 A-6 所示的“喵”文件就是为小猫角色添加的声音文件。

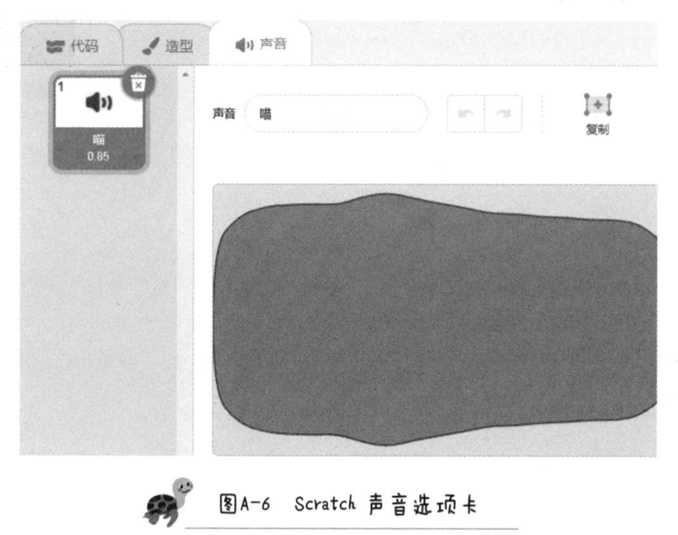

图A-6 Scratch 声音选项卡

10. 背景

舞台演出会有不同的幕布，Scratch 同样也有，我们称为背景，图 A-7 所示的城堡就是我们新增的背景。

图A-7 Scratch背景

Scratch背景也可以通过积木实现，只是它的积木和角色的积木略有不同，不过同样有造型和声音。

11．舞台区的大小和坐标

Scratch 舞台区的大小是固定的，其长为 480，宽为 360，单位是像素。我们可以认为像素是一个能显示各种颜色的小格子（但每次只能显示一种颜色），每个小格子显示不同的颜色，就构成了图像。Scratch 舞台区就是由 480×360=172800 个像素组成的，如图 A-8 所示。

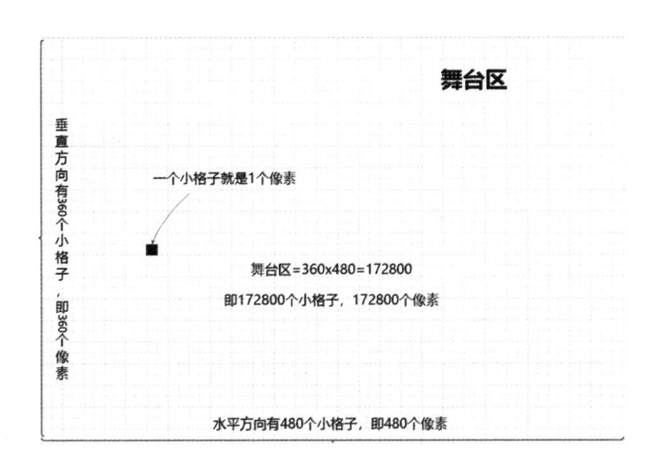

图A-8 舞台区像素图

在Scratch编程中，“移动10步”中的“步”就是像素的意思，移动10步即移动10个像素。

为了精确表示每个点在舞台区的位置，Scratch 引入 X 轴（横轴）、Y 轴（纵轴）和舞台坐标原点的概念。X 轴是一条水平线，它将舞台平分为上下两部分；Y 轴是一条垂直线，它将舞台平分为左右两部分。X 轴和 Y 轴的交点称为舞台坐标原点（简称原点），原点将 X 轴和 Y 轴等分为两部分。原点在 X 轴上的刻度为 0，向右为正，向左为负，以像素为单位进行分割，因此 X 轴最右端的刻度为 240，最左侧的刻度为 -240；原点在 Y 轴上的刻度为 0，向上为正，向下为负，以像素为单位进行分割，因此 Y 轴最上方的刻度为 180，最下方的刻度为 -180。

Scratch 使用 (x,y) 坐标来表示舞台上每个点的位置，x 表示该点在 X 轴上的投影的刻度，y 表示该点在 Y 轴上的投影的刻度，例如原点的坐标就是 (0,0)，而 (200,100) 则表示该点在 X 轴上的投影的刻度为 200，在 Y 轴上的投影的刻度为 100，如图 A-9 所示。

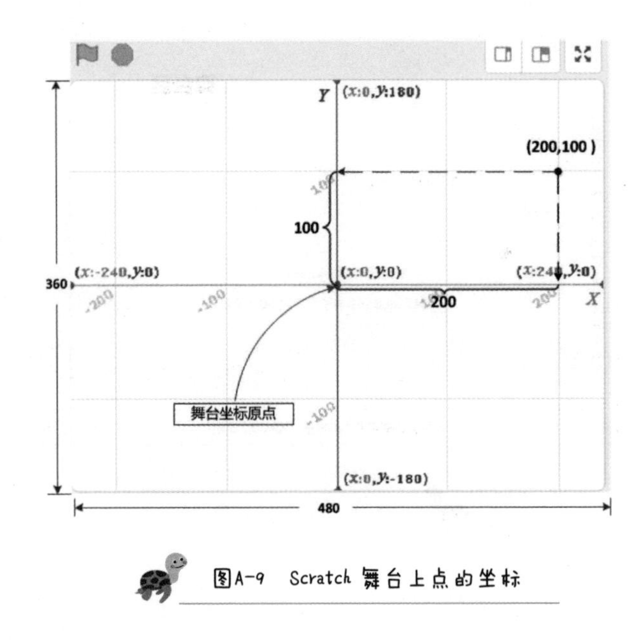

图A-9　Scratch舞台上点的坐标

12．造型中心点和画布中心点

在造型编辑区的画布中，将鼠标指针移到造型图片上或用鼠标单击造型图片后会有一个矩形框住角色的造型，这个矩形的中心点就被称为造型中心点。造型中心点用于定位角色坐标原点。造型中心点在画布上的位置就是该角色大小为100、面向90度时，角色坐标原点的位置（0,0），如图A-10所示。

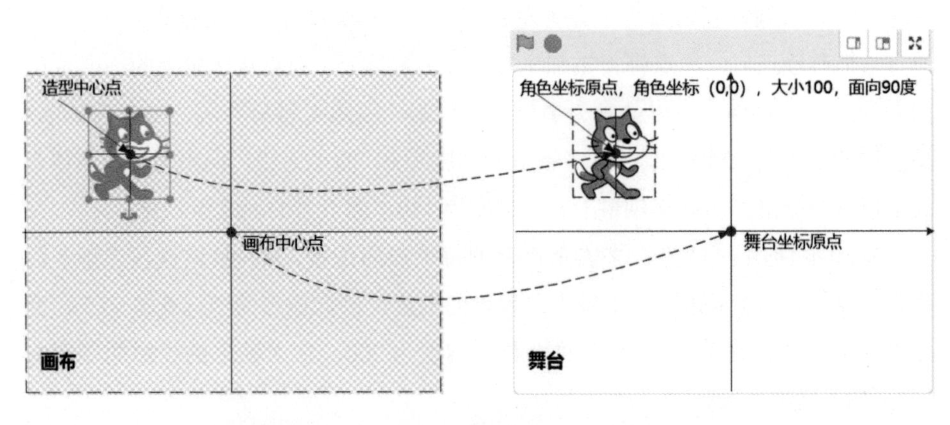

图A-10　造型中心点和画布中心点示意图

当角色平移时，角色坐标原点不改变，角色的坐标会改变；当角色缩放时，角色坐标原点相对舞台坐标原点的位置将等比例变化，角色的坐标不变；当角色旋转时，角色坐标原点一同旋转，角色的坐标不变。

此外，在画布的中心位置有个圆形标识，我们称之为画布中心点，如图 A-10 所示。画布中心点用于定位角色的旋转中心。当角色位于（0,0）时，其旋转中心就是画布中心点，此时画布中心点和舞台坐标原点是重合的，角色将围绕舞台坐标原点旋转。

当角色平移时，旋转中心随之平移，角色方向不变；当角色缩放时，旋转中心不变，角色方向不变；当角色旋转时，旋转中心不变，顺时针旋转时角色方向增加，反之方向减少。

一般情况下，我们会将造型中心点同画布中心点重合，角色坐标原点将固定为舞台坐标原点，角色旋转时将会围绕旋转中心自旋。

A.2 Scratch 3.0 编程工具

A.2.1 Scratch 3.0 编程工具简介

Scratch 3.0 编程工具有两种类型，说明如下。

第一种是 Scratch 离线编程工具。这是一个安装在电脑上的软件，双击它的图标，就可以运行该软件并进行 Scratch 编程。图 A-11 所示就是当前 Scratch 3.0 离线编程工具的主界面。

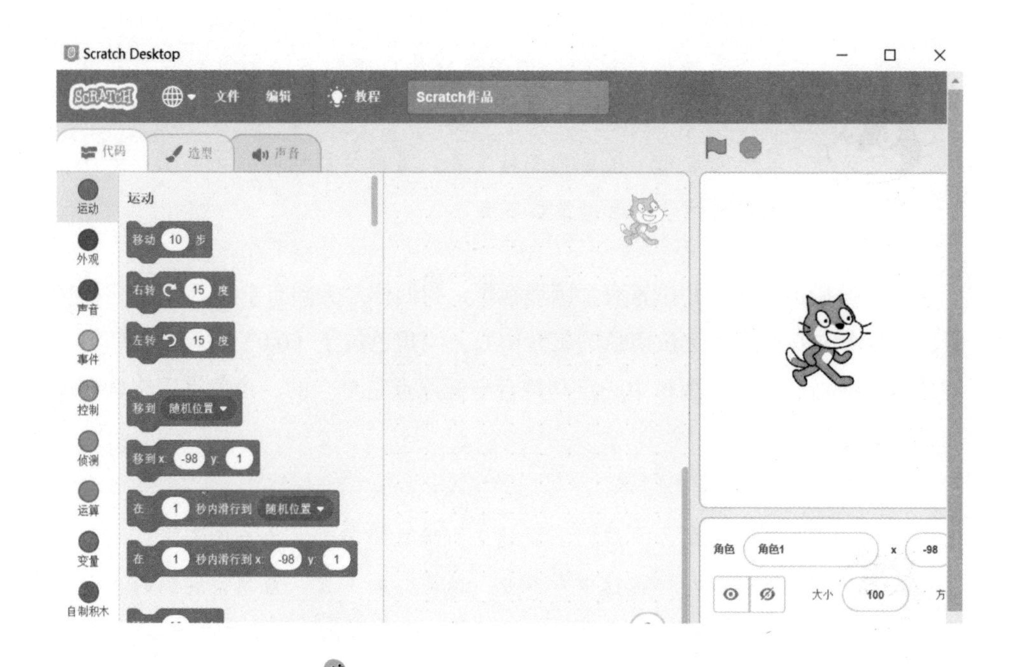

图A-11 Scratch离线编程工具主界面

第二种是 Scratch 在线编程工具。它是一个网页，我们可以在这个页面中进行 Scratch 编程，图 A-12 所示就是当前 Scratch 3.0 在线编程工具的界面。

图A-12 Scratch在线编程工具界面

图 A-11 和 A-12 所示的 Scratch 离线编程工具和在线编程工具的界面几乎完全相同，不管我们使用哪种工具，其使用方法和习惯都是一样的。因此，我们只要掌握了其中一种工具，另一种就可以直接上手使用了。但是，这两种工具也有各自的特点，其对比如表 A-1 所示，我们可以根据不同的情况进行选择。

表 A-1　Scratch 离线编程工具和在线编程工具的对比

序号	工具名称	优点	缺点
1	Scratch 离线编程工具	不需要连接网络，可以随时编程	需要在电脑上安装 Scratch 离线编程工具
2	Scratch 在线编程工具	不需要安装软件，可以在任何一台安装了浏览器并且联网的电脑上编程	需要连接互联网，网络不好会影响编程

A.2.2　Scratch 3.0 离线编程工具的安装

Scratch 的版本是不断更新的。例如在编写本书之初，Scratch 离线编程工具版本为 3.6.0，而在写完本书时，Scratch 离线编程工具版本已经更新为 3.10.2。待到读者下载时，Scratch 离线编程工具的版本又可能会有变化。这个是正常现象，只要是 3.x 系列，其在使用方法上就没有大的差别。Scratch 3.0 离线编程工具安装包的图标为 ，双击该图标即可开始安装，具体步骤如下。

在弹出的对话框中单击“安装”按钮，如图 A-13 所示。

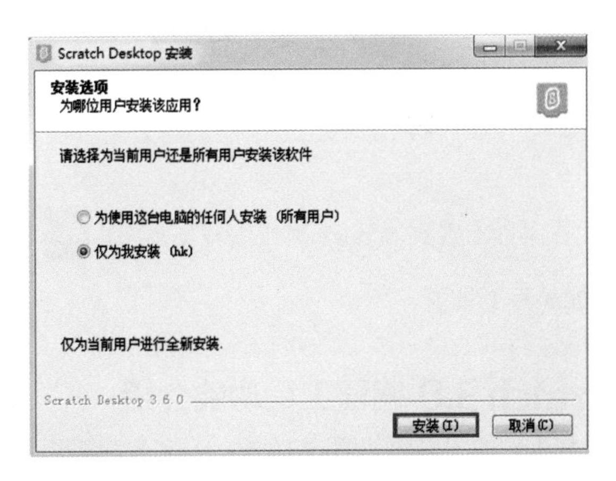

图A-13　Scratch离线编程工具安装对话框

接下来对话框会显示安装进度，如图 A-14 所示。

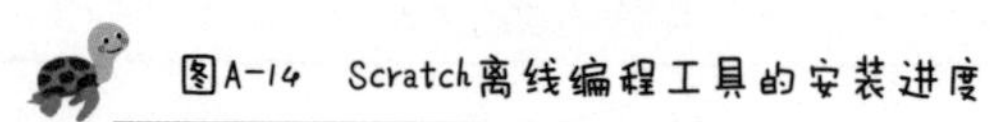
图A-14 Scratch离线编程工具的安装进度

单击“完成”按钮结束安装，如图 A-15 所示。

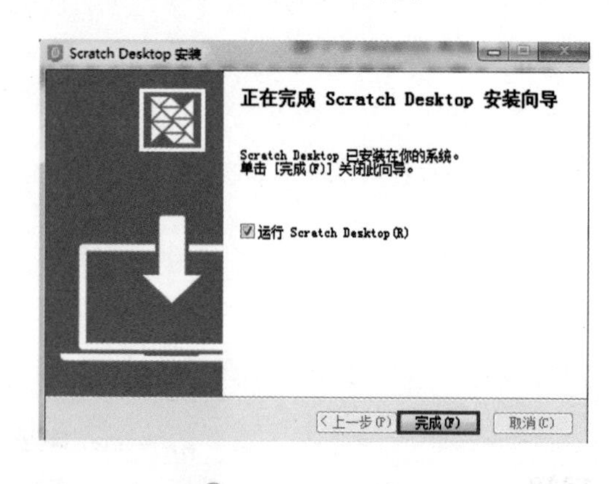

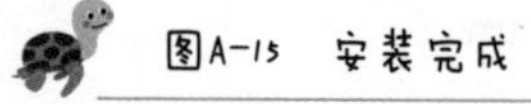
图A-15 安装完成

此时我们可以在桌面上看到 Scratch 离线编程工具图标，双击该图标就可以启动 Scratch 离线编程工具了。

A.2.3 Scratch 3.0 编程工具功能介绍

Scratch 3.0 编程工具的主界面如图 A-16 所示，共分为 5 个部分，分别是菜单栏、工作区、舞台区、角色区和背景区。下面具体介绍菜单栏和工作区。

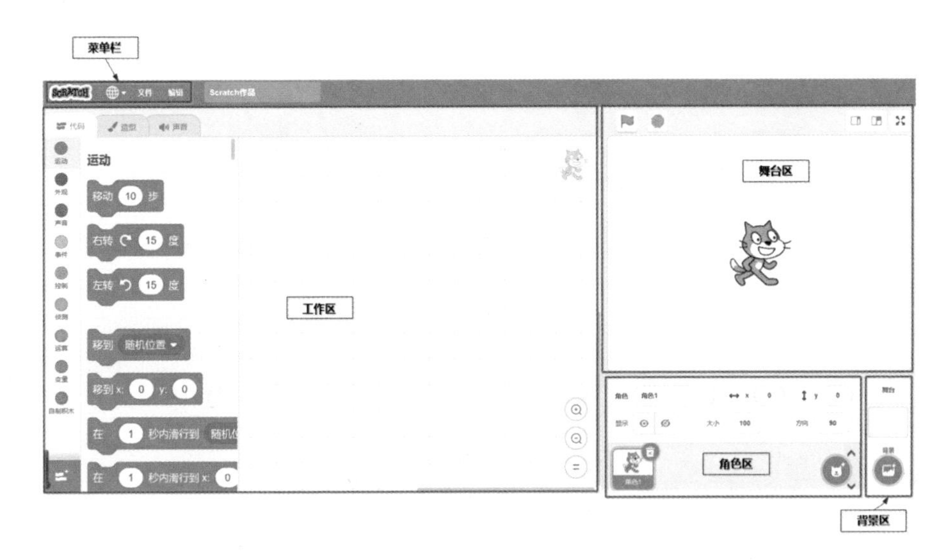

图A-16 Scratch 3.0编程工具主界面

1. 菜单栏

菜单栏上的菜单和名称如图 A-17 所示，单击 SCRATCH 可以获得当前 Scratch 编程工具的版本信息。“语言”菜单用来设置 Scratch 编程工具界面的语言，Scratch 包含 50 种以上的语言，因此我们可以使用该菜单来配置 Scratch 编程工具界面，以显示自己所熟悉的语言。“文件”菜单用于 Scratch 项目文件的创建、上传和下载。“编辑”菜单用于恢复我们之前删除的角色和打开 / 关闭 Scratch 的加速模式。“教程”菜单提供了 Scratch 的示例教程。

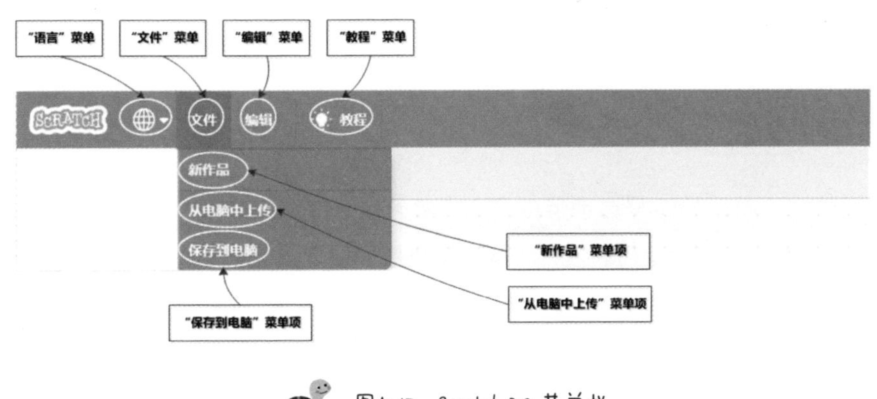

图A-17 Scratch 3.0 菜单栏

2. 工作区

工作区是我们进行 Scratch 编程的主要区域，它包含 3 个选项卡，分别是代码选项卡、造型选项卡和声音选项卡。

图 A-18 所示的代码选项卡分为 4 个部分：代码标签，单击代码标签可以切换到代码选项卡；积木分类区，使用不同的颜色表示不同类别的积木，如运动、外观、声音和事件等；积木区，单击积木分类区的积木分类图标后，就会在积木区显示这个分类的所有积木；代码编辑区，我们在编写代码时，先单击积木分类图标，然后将所需要的积木从积木区拖动到代码编辑区，再将该积木拼接到合适的积木下。

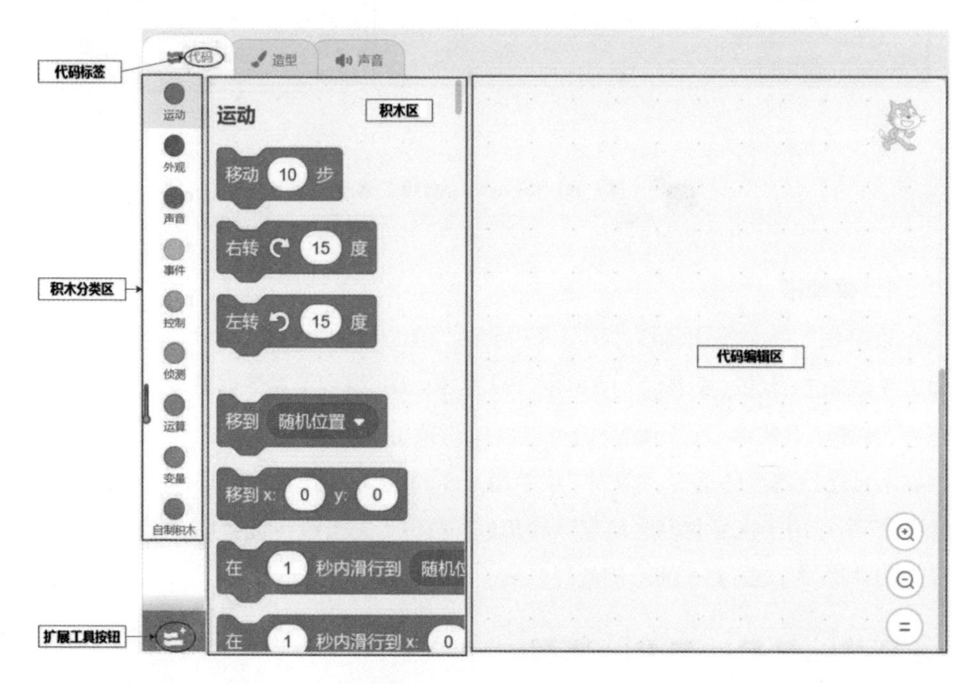

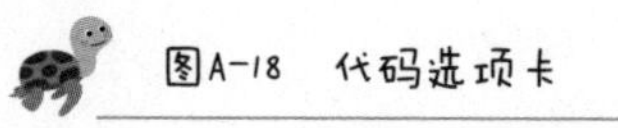
图A-18 代码选项卡

图 A-19 所示的造型选项卡分为 3 个部分：造型标签，单击造型标签可以切换到造型选项卡；造型列表区，该区域将以图标的形式列出该角色的所有造型；

造型编辑区，单击造型列表区的某个造型图标后就选中了该造型，后续可以在造型编辑区对该造型进行编辑。

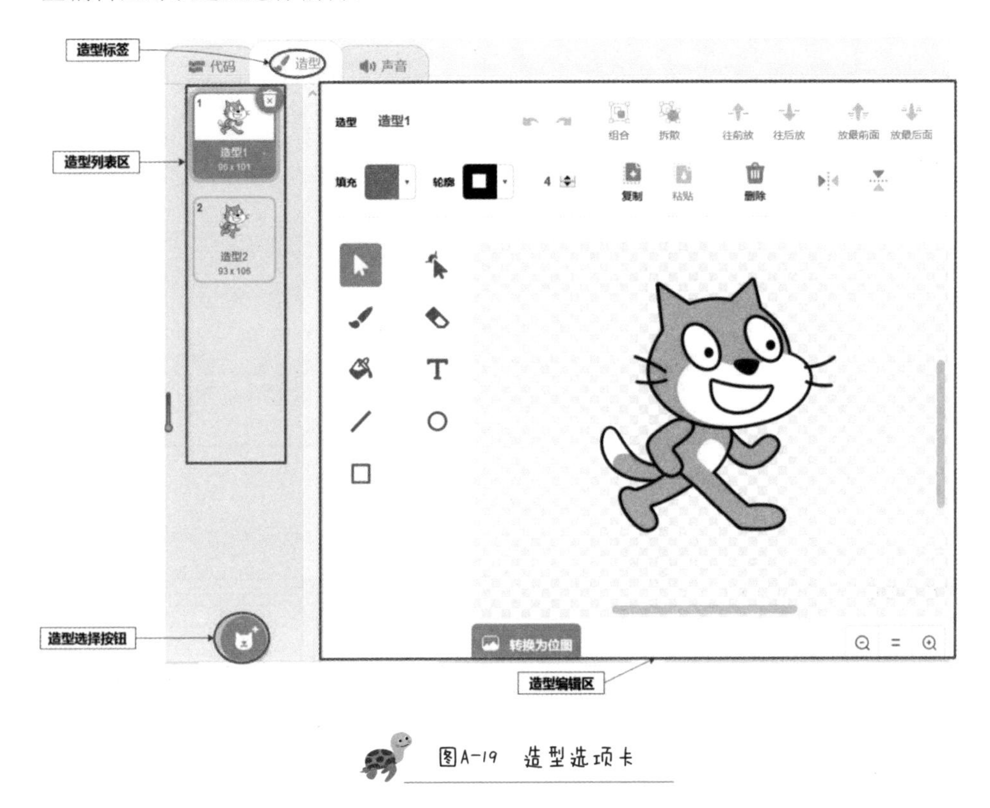

图A-19 造型选项卡

图 A-20 所示的声音选项卡分为 3 个部分：声音标签，单击声音标签可以切换到声音选项卡；声音列表区，该区域将以图标形式列出该角色的所有声音文件；声音编辑区，单击声音列表区的某个声音图标后，就选中了该声音文件，后续可以在声音编辑区对该声音进行编辑。

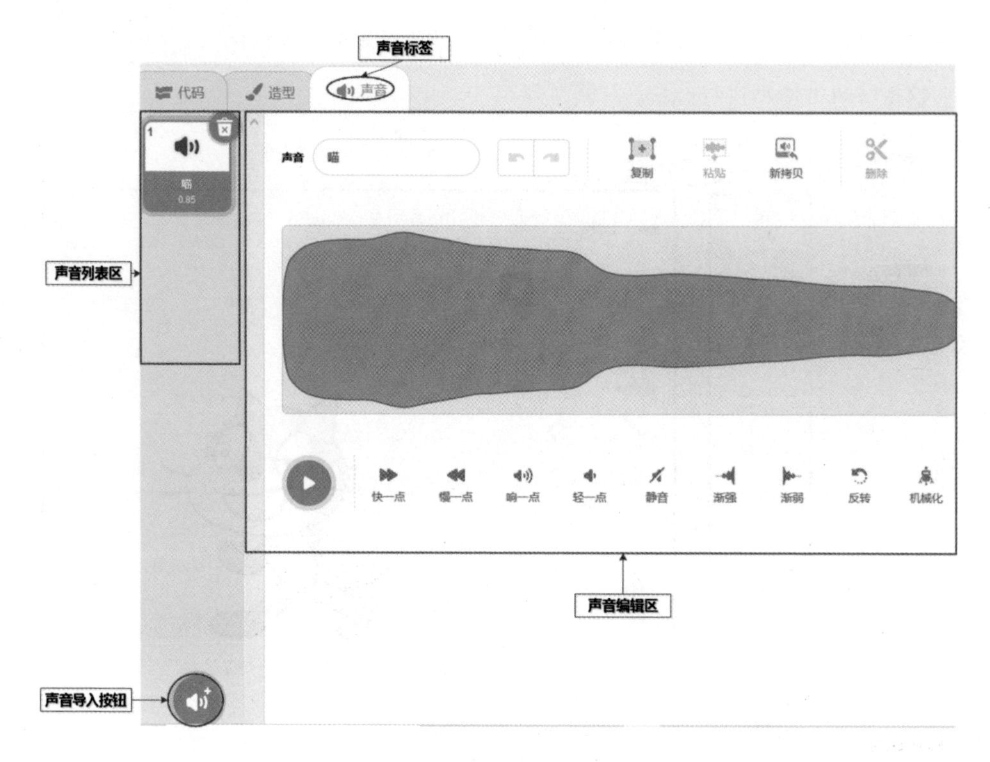

图A-20　声音选项卡

A.3　本书相关资源及获取方式

本书资源是一个名为“Scratch 少儿编程高手的 7 个好习惯 - 配套资源 .zip”的压缩包，它包含了本书中每天任务对应的项目文件，扫描本书封底上的二维码即可获得该文件。